人生格差はこれで決まる

働き方の損益分岐点

人生的
損益平衡點

請問馬克思，
為什麼隔壁同事的薪水比我高？
學校沒教，但你一定要懂的「富爸爸」
階級重置潛規則

Kogure Taichi
木暮太一

蔡昭儀——譯

mouse

people of today

目次

第二章　公司為了「盈利」，你的勞力將被壓榨得一滴不剩！

第三章 如何才能躋身「高薪」勝組？

第四章 年薪百萬的你只剩下「幹不完的活」！

第五章 全面分析——該如何增加「自我內在盈利」？

第六章 選擇能活用個人資產的「工作方式」

前言

近年來，「更理想的工作方式」備受關注，許多人開始檢視自己的工作方式。不僅個人，上至國家下至地方、企業都在檢討這個議題，並制定出各種規範。

但這些討論讓我們有一種奇怪的感覺。

現今的工作方式改革，似乎是為企業方設想的「勞動改革」——減少加班，但又必須維持成果，所以要設法提高生產力……聽起來就是這麼回事。這與馬克思在《資本論》中所指出的「強化壓榨」如出一轍。

「停止沒有效率的加班，建立一個短時間勞動的社會」，我們對此也樂見其成。但若這是「為了企業設想」，就完全本末倒置了。

另一方面，沒有了長時間勞動，勞動者就皆大歡喜了嗎？事實並非如此。我在二〇〇九年辭去工作、經營自己的公司至今。我的勞動時間雖然比以往更長，但每天都過得很充實。如果政府來督導我縮短勞動時間，我也不打算配合。因為這種指導完全沒有道理。

改變工作方式不光是時間的問題，更需要重視及考慮的是「壓力」問題。工作方式的改革必須從壓力著手才對。完全無壓力的工作環境，即使不能準時完成任務，也不會造成精神上或身體上的傷害。

公權力介入的「指導」，反而造成徒增勞動環境與人際關係的壓力，甚至把人逼瘋。我認為被迫承受這樣的壓力才是不幸，根本與加班無關。

不過，當問題變成「壓力改革」，因應的對策就更複雜了，因為要靠制度或公司的方針一視同仁地解決每一個人的壓力實在很難。壓力改革的問題不能指望政府，雖然國家可以制定法規、限制超時勞動等，但終究無法面面俱到。

每個人對壓力的感受差異很大，說到底還是只能「自己想辦法」。

本書最早在二〇一二年出版，獲得廣大讀者的迴響，然而時隔數年，我們又再度面臨勞動的「壓力改革」。

我們必須自己決定工作方式，不能指望別人來指導或調整。

我們的人生是自己的責任，必須自己作出選擇，我希望藉由本書與各位讀者一起思考這個問題。

木暮太一

序章

徹底改變辛苦又徒勞的工作方式

「你滿意自己現在的工作方式嗎？」

「這樣的工作方式，你想一直維持下去嗎？」

聽到這兩個問題，還能用力點頭說「YES」的人應該很少吧。

近年來，對現今日本的「辛苦勞動」提出質疑的聲音越來越多。

無論再怎麼努力工作，薪水也不會增加，工作量卻越來越大，生活越來越忙。義務加班依舊理所當然，必須犧牲週末休假，才可能順利達成業績。

我們就像是倉鼠滾輪上的老鼠。無論跑得多賣力，都不能前進一步。

若是為了改善生活，選擇夫妻都出去工作，又要面臨孩子養育這一大難題。

「取得工作與生活的平衡」或是「零加班」這些口號說得輕鬆，真相卻根本不是這麼回事。

有一些年輕人甚至開始高喊：「去上班就輸了！」

．我們為什麼要這麼辛苦地工作？

．社會和經濟已經這麼富足，為什麼勞動者卻沒有跟著豐裕起來？

．我們該怎麼做，才能擺脫「辛苦勞動」呢？

想解開這些疑惑，必須先了解資本主義經濟的結構／機制，才能找到答案。否則無論怎麼跳槽或轉行，只要我們還住在日本，就無法逃出資本主義經濟的窠臼。

換一間公司，辛苦勞動的模式並不會改變。

當然，我們也可以考慮轉行或自立門戶，想辦法維持工作與生活的平衡、改善業務狀況，但這些都無法從根本解決問題。

頂多是稍微輕鬆了一點，但有的時候，也可能反而更辛苦。

所以，我們要先從本質上徹底了解資本主義經濟的規則，再從中摸索出妥善的解決方法。

若懂得這個道理，那麼就算待在一樣的公司、做一樣的工作，也有機會讓「辛苦勞動」變成「幸福勞動」。這樣或許還能擺脫倉鼠滾輪。

我在大學時期仔細研讀了經濟學的經典《資本論》，以及理財哲學的暢銷書《富爸爸，窮爸爸》，這兩本書徹底改變了我的人生。因為我注意到這兩本乍看之下毫無共通性的書，其實講的是同一件事。

怎麼說呢？我來為大家說明。

《資本論》是十九世紀德國的經濟學家卡爾·馬克思所寫的經濟學經典。相信大家就算沒讀過，也一定聽過這本書吧。

另一本《富爸爸，窮爸爸》則是夏威夷的日裔投資家，羅勃特·清崎所寫，講述資產運用的重要性。

一個是認真工作，雖然享有高薪，最終卻落得一貧如洗的「窮爸爸（作者的父親）」；另一個是沒有工作，只是善加運用自己的資金，最終建立龐大財富的「富爸爸（作者好友的父親）」。

他在書中透過比較這兩位「爸爸」的工作及想法，告訴我們「如何才能致富」的道理。

這本書於一九九七年在美國上市，隨即成為全球大賣的暢銷書。

他的系列叢書也在日本賣出三百多萬冊，至今仍是經典。

這兩本世界知名的書，乍看之下毫無關聯。

《資本論》是闡述資本主義經濟的極限，以及宣揚共產主義思想的嚴肅議題，而《富爸爸，窮爸爸》講的是如何「輕鬆」賺錢，是「典型資本主義思維」的書。

當時的我還是大學生，卻感覺到「這兩本書內容本質是相同的吧」！

至於是哪裡「相同」呢？事實上，這兩本書都深入分析了資本主義經濟的本質結構／機制，還有勞動者必定會遭遇的境況。

- **在企業工作的勞動者是站在什麼樣的立場**？
- **勞動者「努力工作」是什麼意思**？
- **為什麼勞動者日以繼夜地工作卻還是很貧窮**？

對於這些問題，馬克思提出的結論是：「在資本主義經濟中，勞動者會不斷地被壓榨，導致他們無法富裕。所以，我們必須改行共產主義經濟。勞動者們，團結起來！革命起來！」

另一邊清崎的結論是：「在資本主義經濟中，勞動者就像是置身於倉鼠滾輪之中，與富裕無緣。所以不要只會零售自己的勞動力和時間，一定要有被動收入。透過投資不動產或股票，打造自己的資產！」

馬克思和清崎所提出的「解決方案」南轅北轍。

一邊是革命，一邊是投資。

但是，兩者以「資本主義經濟中的勞動者與富裕無緣」作為各自主張的前提，卻是共通的。

我讀完這兩本書，充分理解了資本主義經濟的前提條件，深刻體會到人們必須思考「自己的工作方式」，否則永遠都無法實現「理想的幸福人生」。

社會上傳授如何工作或工作技巧的大有人在，但是問題並不是出在選公司或找工作，而是最根本的「工作方式」，這一點卻從來沒有人教我們。

馬克思和富爸爸就是我的老師。

若沒有這兩本書，我現在可能還是得忍耐著辛苦、每天賣命工作。在最後一班電車返家的路上，幻想著自己某一天能過上好日子。

現代的上班族從就業活動[1]之後，就再也沒有機會認真思考自己的工作方

1 應屆畢業生在正式進入職場前的求職或企業實習活動。

式。當然，可能有人會考慮換一個條件更好的工作。但如果不是生重病，或是遭遇意外、災害，可能沒有人會從根本處檢討自己的工作方式和人生。

就算有機會深入思考，對於「我為什麼這麼辛苦」、「怎麼做才能改善現況」這些問題也往往沒有答案，結果還是又回到原來的日常。

與工作相關的具體煩惱或許因人而異。但是，這些煩惱的根本原因其實是共通的。這不是個別企業或工作的問題，而是資本主義經濟本身的問題。

我猜大部分的人都沒有察覺到最根源的問題，只看到浮在表面的企業或職業問題。所以，即使煩惱了好幾年，也找不到解決方法。

本書將會解說一個至關重要，卻從來沒有人提及的問題，那就是我們在資本主義中「應該要追求的工作方式」。

我把在大學時代從《資本論》和《富爸爸，窮爸爸》這兩本書中獲得的「感悟」，以及在往後十年的上班族生活中探究、實踐的心得，都濃縮在這本書裡。

本書的前半部我會從馬克思的《資本論》出發，依序介紹資本主義經濟的結構／機制，以及勞動者所置身的境況。

沒有接觸過《資本論》的讀者可能會受到一點衝擊，但我們必須先知道自己生活在一個什麼樣的世界，才能開始思考怎麼解決問題。

而本書的後半部我將會具體說明在資本主義經濟中，我們身為勞動者，應該要追求什麼樣的工作方式，以及什麼樣的人生。

這個部分，我會對《資本論》及《富爸爸，窮爸爸》這兩本書的觀點，提出我自己的見解。

單單是在對現在的工作方式抱持疑問的狀況下，跳槽、自立門戶，或是思考工作生活該如何平衡都是沒有意義的。

辛苦的工作方式，必須從更根本的地方去思考、改變才對！

第一章

你的「薪水」為什麼是現在這個金額？

你滿意現在的「薪水」嗎？

首先，我要問大家幾個跟「薪水」有關的問題。各位上班族的朋友，請先看看自己的薪資表再回答。

問題

- 你對現在「薪水的金額」滿意嗎？
- 相對於你的工作內容，這是一個「妥當」的金額嗎？

我相信應該有蠻多人覺得自己「薪水太少」、「我值得領更多錢」吧。還有很多人心裡「盼望加薪」，並為此努力工作。畢竟積極進取的態度很重要，願意為了目標努力打拚也很了不起。

不過，我還要再問一個問題。

問題

- 你知道這份「薪水的金額」是怎麼定出來的嗎？
- 看著薪資表上的金額，你能夠「有條理地說明為什麼」嗎？
- 認為自己「值得領更多錢」的人，照理來說，多少錢才是「正確的金額」呢？

要馬上回答這幾個問題可能不太容易。

因為從來沒有人教我們思考這些事。

我們不僅在學校沒有學過，進了公司，「新進人員研習」也不會教我們這些事。甚至，老闆或人事部門在決定大家的薪水時也都不一定有什麼明確的盤算——大家都是依照慣例的「某個方式」來決定薪水。

那個方式究竟是什麼？

我們可以從「經濟學」中找到答案。所謂的經濟學，就是分析社會上一切經濟活動的學問，其中當然包含了企業與勞動者之間的交易（雇用、薪資支付）。換句話說，懂得經濟學的分析，就能知道我們的薪水是如何定出來的了。

那麼，這到底是怎麼一回事呢？

我們先花點時間，從頭開始學起。

資本社會決定薪水的兩種方式

從經濟學來看，薪水的制定方法有兩種：

①必要經費制
②盈利分紅制（業績制）

①和②「完全不一樣」，但大家卻常常分不清楚。有哪些地方不一樣、如何不一樣？接下來我會一一說明。

採用①方法的，主要是傳統的日本企業。

日本企業一般會把員工看作是家人，支付給他們的薪水即是供其生活所需的費用。

這就是所謂「必要經費制」。

有點像是家庭中「爸爸的零用錢」。

爸爸每天要吃中餐：５００圓×20天（上班天數）；偶爾可能要與同事聚餐小酌：３０００圓×２次；還會買買喜歡的雜誌：４００圓×４本……。

這些加總起來，就是每個月大概需要的「經費」（家庭「外」的開銷），應該有許多家庭都是這樣決定爸爸的零用錢。

事實上，日本企業也是用這種「經費加總」的方式來決定員工的薪水。計算出員工這個家人生活必要的金額，然後按月支付給他們。

稍後，我會具體介紹這個金額是怎麼計算出來的。

這裡我們只要先記得：

● 必要經費制的支薪方式，只能讓員工得到生活所需之金額

在這種薪資體系下，「這個員工賺了多少錢」、「為公司帶來多少盈利」等工作的成果、業績，與他的薪資完全沒有關係。

這就像是爸爸加了薪，每個月的零用錢卻還是不變。無論他「為家族帶來多少盈利」，跟他的零用錢金額並不相關。

你的薪水真的來自工作成果嗎？

除了「必要經費制」，也有採用「盈利分紅制」的公司。它們大多是外商金融機構，或是以業績制決定薪資的公司。

「盈利分紅制」正如它字面上的意思，是把自己所賺得的一部份盈利，做為薪資。

薪水的制定方式

1. 必要經費制

把自己生活所必需的
金額（經費）做為薪資

2. 盈利分紅制

把自己所賺得盈利的
一部份做為薪資

富爸爸 Point!

許多日本企業，員工的薪水只是他們「生活必要的金額」而已！

看起來，分紅制是不是比較簡單，而且公平、明瞭呢？

不過，用這個方式，若盈利沒有提升的話，自己的薪水就會減少。「我已經拚命努力了……」、「我差一點就會成功……」這些說詞是不管用的。薪水減少，抱怨「不夠支付生活開銷」，老闆也只會回一句「那你就辭職吧」，你的薪水還是不會增加。

「分紅制」的薪資基準是根據員工的工作成果、業績，也就是為公司帶來的盈利。其他的因素都不會列入考慮。

近年來，日本企業紛紛引進「成果主義」。或許是因為這個緣故，大家才會分不清①和②的區別。但兩者其實大不相同。

日本企業所採用的成果主義，大多是「必要經費制之下的一環」，基本上與外商金融機構等的薪資體系是完全不同的考量。

日本式的成果主義只是依照員工的工作成果，在原來的薪水之外，給予「若干獎金」（成果不佳時，也可能扣薪），而不是像「分紅制」那樣，百分之百根據工作成果來支付薪資。

所以，就算你達成兩倍業績，薪水也不會加倍；考績獲得優等，也頂多是早點獲得升遷的機會，或是底薪稍微調高一點而已，並不是把你的盈利（成果）拿出來「分紅」。

該怎麼做才能提高薪水？

知道了「薪資的制定方式」，相信許多日本企業的上班族都會發現自己的薪水，是屬於①「必要經費制」。

那麼，我想再問大家：

問題

- 看著薪資表，你可以「有條理地說明」自己的薪水為什麼是這個金額嗎？

● 覺得自己「值得領更多錢」的人，照理來說，多少錢才是「正確的金額」呢？
● 還有，你覺得自己應該怎麼「努力」，才能獲得加薪？

如何？

請注意最後一個問題。

怎麼做才能加薪——這應該是所有勞動者都會關心的話題。雖然不必成為億萬富翁，但包含我在內，大家都希望能夠過上「財富自由的日子」。

「只要努力打拚，就能獲得加薪。」

「業績提升，薪水就會提升。」

大家可能都這麼想，但這並不是正確答案。

在日本企業（＝必要經費制）工作的廣大上班族，都如同先前所述，「無論再怎麼努力，幫公司賺得盈利，薪水也不會改變」。

那我們有什麼具體的解決方法嗎？

該如何才能提升薪水、實現財富自由的願望呢？

關鍵在於，你要對「必要經費制」的結構了解透徹才行。

接下來，我們再從別的角度來思考「薪資」。

年薪1000萬圓，為什麼還是覺得不夠花？

近年來，我們身邊好像有越來越多人在抱怨生活很拮据。

「你覺得生活寬裕嗎？」

恐怕大多數人都會回答「NO」。

耐人尋味的是，全部的年薪階層都有人感覺「生活拮据」。

一個年薪1000萬圓的人還抱怨「生活拮据」，實在是令人匪夷所思。

好像只要不是靠父母吃穿的，每個人都不太寬裕。

然而現實中，年薪1000萬圓的有錢人也會覺得「生活拮据」。

舉例來說，我曾經在網路上看過一個問卷調查：「年薪1000萬圓，日子就好過了嗎？」，有十幾個年薪將近千萬的人回覆這個問題，竟然多數都說：「是沒有過不下去，但也不能算好過。」

我的朋友裡，年薪上千萬的人也時常抱怨：「錢都不夠用！」

這到底是怎麼回事？看在年薪100萬圓的人眼裡，一定很想罵：「這種怨言未免太貪心了！」

不過，這些年薪千萬的人之所以抱怨，其實不是貪心，也不是任性。年薪千萬仍然「不夠用」是有道理的。

為什麼會有這種現象？我一一為大家說明。

「收入增加就會變得富裕」是一種幻想

我們先重新思考一件事：

● 薪水太低，生活拮据

這應該很容易想像。

日本人的平均可用所得（薪資扣除稅金及社會保險後，實際可運用的金額）在一九九七年達到最高峰後就一直下修。儘管我們已經好久沒聽過「通貨緊縮」，但是今後很可能會變成「年薪３００萬圓的時代」，甚至「年薪１００萬圓的時代」也不奇怪。

以年薪１００萬圓來說，月薪大約就是８萬多。這樣的收入，怎麼能應付生活開銷呢？

前不久流行一個字眼，叫「窮忙」（Working poor）。意思是明明有工作，卻很「貧窮」。詩人石川啄木也曾寫下「工作，工作，生活仍捉襟見肘」這樣的詩句，說的正是這樣的世界。

無論再怎麼工作，日子卻一點也不輕鬆。

我們再來看這種奇怪的情況：

● 薪水很高，生活卻依然拮据

若說薪水實在很低、生活過不下去，大家都能認同。但是，領著世俗眼中「高薪」的人，卻也感覺「生活拮据」。

我們都以為領高薪的人一定是豐衣足食，但事實似乎並非如此。

「錢再多也不夠……」

「薪水每月進帳，但存款卻不知不覺越來越少……」

你一定聽過有人這樣說吧。大家或許會認為這種人就是「沒有金錢觀念」或「胡亂揮霍」。但是，我們可曾看見這種人不懂財務自律、揮霍浪費的景象嗎？或曾經目睹他們揮金如土的模樣嗎？

應該沒有吧（當然，其中一定也有那樣的人，但也是極少數）。

坐領高薪卻仍然生活拮据，並不是因為「揮霍浪費」。他們應該都不覺得自己很浪費錢，更不要說豪擲千金這種荒唐行為了。但即便如此，每到月底他們發現手邊的錢用光了，才想到要提醒自己「下個月一定要節省開銷……」。

「這怎麼可能，錢一定是浪費在哪個地方了吧！」

有這種想法的人，不妨回想一下自己的生活種種。你現在的收入比學生時期多了幾倍？

根據調查，大學生打工賺的錢平均一年是30萬圓。而社會人士平均年薪大概是400萬圓左右。單純比較一下，日本上班族比自己學生時期的收入多了十倍以上。

出社會開始上班，幾年以後，有人甚至比學生時期多賺了二十倍。

在學生時代，你是不是曾經想過：「每個月再多個幾萬塊錢，就可以過好日子了！」你現在手上有沒有那「幾萬塊錢」呢？

而如今你是不是還在感嘆：「每個月再多個○○萬塊錢，就可以過好日子了……」

儘管現在已經比學生時期「寬裕」了好幾倍，你還是覺得生活很拮据。

這正是「薪水很高，生活卻還是很拮据」的狀態。

這個情形不是只有你，許多人都比學生時期寬裕得多，卻仍然對眼前的生活感到窘迫。

換一個工作也無法解決薪水問題！

也有人認為，生活拮据的問題要怪自己的公司。這種人總是在抱怨「我們公司的薪水太低」、「如果能跳槽到別的公司，日子才會好過一點」。

然而，事實並非如此。

雖然也有所謂的「黑心企業」，若是在這種公司上班，會面臨超長時間的勞動、超低的薪資，日子一定不會好過。但是，在一般公司上班的人，他們之

學生

student

⇩

社會人士

business person

明明收入「寬裕」了好幾倍，
生活卻還是窘迫！

為什麼？

富爸爸

Point!

「收入增加，生活就會寬裕」
是一種幻想！

所以對生活感到窘迫，原因其實不在公司。

我們常常看到獵人頭公司刊登的廣告說：「徵才！年薪800萬圓以上！」它強調的不是工作內容，而是年薪。

那則廣告背後的意思是：「給出這樣的高薪沒話說了吧？富裕的生活、充實的人生就在你眼前！」看到這樣的廣告，人們難免會心動地想：「如果有這麼好的收入……」相信能吸引許多人去應徵。

當事人一定是指望著要改變自己的生活而去應徵，但令人遺憾的是，現實往往不是那麼美好。

事實上，在我還是上班族的時候，也曾有公司同事因為「別人碗裡的飯比較好吃」的心態而跳槽，幾年之後，他再度為了相同的不滿而轉換新東家。後來又接連輾轉，直到現在仍在尋尋覓覓。

前陣子我見到他，他還直嘟囔著：「都怪日本經濟不景氣！」

今後他恐怕還會繼續帶著滿腔的不滿及怨言，一直換公司。但若他不徹底改變自身想法，這輩子都不可能找到合乎他「理想條件」的公司。

因為，問題的根源並不在於A公司、B公司或C公司各自的薪資體系或條件。就算他跳槽到同業中條件看似較好的公司，本質上的問題還是沒有解決。

我們必須先理解最根本的「道理」，並思考因應的對策，否則終究無法解決生活拮据的課題。

我們之所以會感到生活拮据，關鍵是「我們自己的工作方式」和「薪資的結構」，還有我們內心「滿足感的本質」。不懂這些道理，無論再怎麼盡心投入工作，仍然不能解決問題。

說到「工作方式」與「薪資結構」，可能會讓人聯想到人事或組織行政的問題，但其實這兩者完全不同，這裡所說的是更接近本質的「資本主義經濟的結構／機制」。

而這種結構，是存在於所有日本企業「默認的前提」。

薪水並非根據你的「努力」或「成果」來決定

「為什麼我已經這麼努力了，薪水卻沒有升上來？」有人認為這是因為「公司對自己不夠肯定」或是「勞動者被壓榨」。

還有，每當媒體上討論起「貧困問題」，就會出現「這個人付出這麼多勞力，薪水卻那麼少，分明是受到社會霸凌的可憐人」這樣的描寫，但這種報導其實是基於「努力就能得到高薪」的錯誤觀念。

而另一方面，也有人總是抱怨：「我對公司貢獻這麼多，薪水卻和業績不怎麼樣的同事一樣，實在難以接受……」這種人也是誤以為「有業績，薪水就會提高……」。

這些完全是大錯特錯、一廂情願的想法。

前面我曾提過，日本企業的薪資不一定是根據員工的「努力」或「工作成果」來決定的。

薪水的金額並不是憑「努力」來決定，那麼討論「努力工作，薪水卻很少」的問題就是劃錯重點。

薪水的金額也不是憑「工作成果」來決定，所以就算「自己的業績勝過同事」是事實，也不能和薪水相提並論。

這到底是什麼意思呢？

我這樣說，可能還有許多讀者無法理解。

大家心裡還是認為「只要努力，就有機會加薪」、「只要拿出成果，薪水就會增加」，公司也可能這樣告訴我們。

雖然前導的敘述有點長，不過，本章就是要從資本主義經濟的本質來探討「勞動者的薪資究竟是如何決定的」這個問題。

即使我們對企業的組織行政或人事行政瞭若指掌，也無法理解「薪資的結構」。如果不懂「資本主義經濟的本質」、「何謂商品」、「商品的價值是如何決定的」這些根源的道理，那麼「何謂薪資」這個問題就無法得到答案。

薪水只是為了讓你「明天也能照樣工作」的必要經費

假如薪資的金額並不是依個人的「努力程度」或「工作成果」來決定，那麼，薪資制定的根據到底是什麼？

先前提到許多日本企業是以「必要經費制」來決定員工薪資，意思是「由於要維持生活必須花費這些錢，那麼就把這些花費當作薪資發給員工吧」。

不過，所謂的「維持生活」並不是單純的「維持生命」，而是「身為勞動者維持生活所需要的金錢」，換句話說，就是：

● 為了明天也能同樣勞動所必要的金錢

就是這個意思！

馬克思的經濟學稱此為「勞動的再生產成本」。所謂的「再生產成本」，指的是「再一次進行同樣工作所必要的金錢」。

舉例來說，Y工人一整天工作下來，肚子會餓。為了隔天也能同樣工作，他必須吃飯，需要餐食費A圓。

再者，工作一整天消耗了體力，他需要有休息的地方，也就是睡覺的場所，這裡就要花費房租B圓。

他也不能每天都穿同一套衣服，必須要有治裝費（或洗衣費）C圓。

簡單說，Y工人為了隔天還能進行同樣的勞動，必要的經費有這三項，那麼他的勞動力「再生產成本」，就是A＋B＋C圓。

這個金額就成了Y工人的薪資基準。

Y工人的努力和成果如何並不在考慮範圍之內。「努力量」及「成果」不包含在薪資制定基準的要素。

「怎麼可能！社會上不是有很多看實力、看業績給薪的公司？」

相信有人會提出這樣的反駁。事實上，的確有把能力或業績反映在薪資上的案例。但就如我先前所說，那些只不過是「表面上附加的要素」，「意思一下的補貼」罷了。

日本企業就是以這樣的思維來決定員工的基本薪資。

為什麼我敢如此斷言？這真的是事實嗎？

接下來，我就用馬克思的《資本論》來為大家解說。

讀懂《資本論》就能掌握資本主義經濟的結構

本書將以十九世紀德國經濟學家馬克思所著的《資本論》來分析薪資的制定與資本主義經濟的結構。

想知道你的薪水是怎樣決定的，就必須先理解資本主義經濟的結構，以及它的運作模式。熟讀《資本論》正是理解資本主義經濟結構最有效的方法。

我猜大家對《資本論》的印象可能還停留在「共產主義思想」、「共產主義經濟的理論」。馬克思也的確是在頌揚共產主義，鼓吹「勞動者要團結起來」。不過，在《資本論》的前段，他為了說明「為什麼應該推行共產主義」，而對「資本主義經濟的結構」做了詳盡的分析。

馬克思從分析資本主義經濟，預測出這個制度的極限與勞動者的下場，因而主張「必須推行共產主義」。

雖說他分析資本主義經濟自然是有其意圖，但這段分析的內容的確非常精闢。尤其若對照現今的日本經濟，馬克思的觀點其實提供了許多解釋。

例如，我們對日本企業如何制定薪資的疑慮，就可以在馬克思的分析中找到答案。

馬克思生活在一百五十年前，那個時代的歐洲經濟與現代日本經濟的情況當然大不相同，當時所謂的「大企業」，也不是現代這種全球性跨國企業，頂多就只是「雄霸一方的大企業」。還有，各種法規都尚在渾沌之中，不比現代，勞動者大多被迫在非人道的環境中工作。

馬克思依據當時社會情勢的論述，自然是不能直接拿到現代來比照，所以《資本論》應該算是分析過去經濟的「歷史書」。

不過，如果我們只是把《資本論》當成「歷史書」或「老舊的經濟理論」，甚至「等於共產主義思想」來看，那就太可惜了。

雖然現實的狀況不盡相同，但資本主義經濟的本質仍與當時如出一轍。而這個「本質」，正是我們在資本主義經濟中求生時最要緊的部分。

換句話說，《資本論》能讓我們看懂最廣為人知、也是最重要的「資本主義經濟本質」。

但是，大家可能還是有一點點想不通。

老實說，起初我也認為《資本論》是「老舊的經濟理論」，但因為是大學的必修科目，才勉為其難地讀下去，讀完後也只是把它當成一門「學問」。

當時的我，從來沒想過要把《資本論》拿來對照現代的社會狀況，更不用說根據這個理論，去檢視自己的工作方式。

一直到後來，就如我在〈序章〉中說的，我又讀了《富爸爸，窮爸爸》，這才發現這兩本書的異曲同工。

《富爸爸，窮爸爸》與《資本論》在說一樣的事；《富爸爸，窮爸爸》清楚說明了《資本論》的理論。

這個發現促使我重新再讀一次《資本論》。

這次我總算意識到馬克思分析的真正重要所在。

我要請大家先屏除對《資本論》的成見，馬克思的分析，正是《富爸爸，窮爸爸》書中所說「人們應該追求的工作方式」。

大家的薪資是怎麼制定的？為什麼薪水要用年資來計算？為什麼坐在「最後一排」那個人的薪水比你高？……你心中所有的疑問都可以獲得解答。

魔鬼就藏在「使用價值」與「價值」之中

《資本論》除了可以解釋我們的薪資結構，還能幫助我們理解現代日本經濟的結構。

其中特別重要的關鍵詞是：

●「使用價值」與「價值」

不懂這兩個詞的意義，就無法理解薪資結構。甚至對今後自己該如何工作、怎樣才是對自己「最正確的工作方式」等這些問題，也都沒有考慮的餘地。

所以，我必須先解釋這兩個詞的意義。

〈所謂的「使用價值」——〉

我們先看「使用價值」。

《資本論》中的「使用價值」指的是「有益性、有用性」。「有使用價值」的意思是「使用（一件商品或物品）有其意義，或是有某些助益」。

有使用價值的不只是商品，路上撿拾的小樹枝能用來燒火取暖，這些小樹枝有其功用，也就是有「使用價值」。

我們平常大多把「價值」這個詞用於「使用價值」（例如這個消息很有價

值），稍後我會詳細說明，《資本論》中的「價值」，其實意思完全不同。

請大家不要混淆了。

舉例來說，「麵包的使用價值」就是「吃下去會讓空腹感消失」。人們吃下麵包可以填飽肚子，所以麵包有使用價值。

還有，「衣服的使用價值」是禦寒及保護身體不受傷害、時尚的打扮可以引吸引他人目光。而「智慧手機的使用價值」，應該是除了通話、發簡訊，還有等同於電腦的功能。

此外，馬克思還把那些「非常有益（有益性高）的商品」，稱之為「高使用價值商品」。

能使生活更便利的商品，就是「高使用價值商品」。

例如，電視如果接上網路，可以直接下載電影，這就提升了它的「使用價值」。

現在，大家對《資本論》的「使用價值」應該有點概念了吧。

如果還是不太懂也不要緊，稍後我會再說明得更詳細一點，大家就能慢慢理解了。

〈所謂的「價值」——〉

《資本論》的另一個關鍵詞是「價值」。

它與「使用價值」的概念全然不同，也與我們平時慣用「價值」的意思完全不一樣，請大家務必留意，不要誤解了。

正確理解「價值」的意義，是闡明「薪資結構」必不可缺的要素，所以請一定要確實地記下來。

在《資本論》中，「物品的價值」是取決於「製作這件物品所需耗費的人力」。換句話說，「耗費勞力的東西」、「手工製造的東西」才是「有價值」的。

例如，麵包之所以有「價值」，是因為「麵包師傅要從清晨開始準備、耗費時間烘焙而成」；而衣服的「價值」也是因為「經過某個人的設計、剪裁、

使用價值

端看使用這個物品
有沒有意義（是否有益、
有幫助）

價值

用製作這件物品
「耗費多少人力」來衡量

馬克思

Point!

**衡量「使用價值」與
「價值」是完全不同的概念。
一定要分清楚！**

縫製」而產生。

《資本論》只認定「經過人手製造的物品」才有「價值」。反過來說，只要是人工製作，無論什麼東西都算是「有價值」。

「價值的大小」取決於「製作這件商品時要耗費多少人力」。

「這件商品是〇〇人花了××時間製作完成的，所以價值不菲」，花1小時製作的商品自然比不上耗費100小時製作的商品，大費周章的製作過程決定了該商品的「高價值」。

不過，我們必須注意「價值的大小」與這件商品是否有益、是否能取悅自己並沒有關係。

在《資本論》的解釋裡，「空氣」是沒有「價值」的。

因為製造空氣並沒有耗費人力。

人類需要空氣，否則只要幾分鐘，人就會因為沒有空氣而死亡。儘管空氣的存在是「有意義」、「有益、有用」，但以馬克思的思維來看，不經過人手就沒有「價值」。

因此，當我們在思考「價值」時，只單純根據「有沒有經過人手（也就是勞動）」是會有問題的。

商品的「價值」是怎麼決定的？

大致理解「使用價值」及「價值」的意思之後，接下來，我們再來想想「商品的使用價值」與「商品價值」的高低。

「商品的使用價值」是指「使用一件商品是否具有意義（有益、有用）」。一件商品越是有益，越是能發揮功用，它的「商品使用價值」就越高。

那麼，「商品價值」又是如何呢？先前我曾經說明「價值」的大小取決於它經過人工製作的程度。但是，幾乎所有商品都不是在同一個地方從零開始製作到完成——原材料各有產地，從產地取來原材料後才能進一步製作成商品。

所以，成為商品後最終的「價值」大小，是包含採集原材料所耗費的勞力合計而來。商品由原材料製造，原材料的「價值」便直接轉移到商品當中。

需要原材料越多的商品，其「價值」也越高。

這樣說明可能有點難以想像，我就以「便利商店的御飯糰」來具體說明。請看左圖。

要製作一個御飯糰，最終必須要有米飯、餡料、海苔、調味料、包裝袋等，缺一不可。因此，御飯糰的「價值」，就是由這一樣樣原材料的「價值」累計來的。

還有，必須要有人用這些原材料製作、付出勞力，御飯糰才得以成形。因為有人的「手工」，御飯糰的價值又會再加一層。

這裡所舉的例子，是為了方便理解而簡化說明，大家要先知道「必要的原材料價值層層累計＋加工的勞力（勞動力的價值）」就是商品的「價值」。

御飯糰的價值

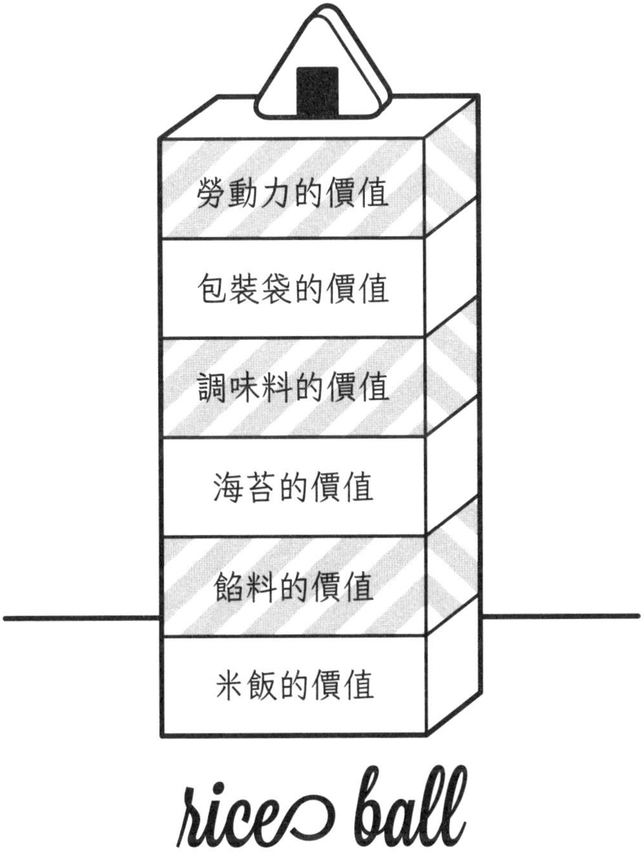

馬克思

Point!

「原材料＋勞力」
決定商品價值的大小！

影響價值高低的是「普世平均值」

前面說過「越是用到人工，價值越高」，但這其中似乎有些矛盾。

效率不佳、製作耗時的商品，其「價值」有沒有可能反而比手腳俐落、迅速完成的商品「高」？

若真是如此，只要故意放慢工作效率，在製作過程中增加一些無關緊要的步驟，做出來的商品就可以變成「價值高的商品」了。

這也太不合理了吧！

針對這個問題，馬克思也做出解釋：

> ●商品「價值」的高低，取決於「社會普遍耗費的平均努力」

完成一件商品所需的勞力（手工或時間）因人而異，所以「商品價值」不能以個案來決定，而是要根據「這個社會的平均值來考慮必要的勞力」。

- 製作這件商品通常需要用到這麼多勞力。
- 這件商品的原材料一般需要這些份量（原材料的製作也要列入考量因素，包含取得原材料的全部過程需要用到這麼多勞力）。

我們平常也會憑感覺認為「完成這項工作大概要花多少時間」。一樣的道理，工作或物品，也有社會普遍認為所需要的勞力，也就是勞動量。這個勞動量就會被看作是「商品的價值」。

因此，故意放慢效率、耗費無謂的勞力也不能使「商品價值」變高——一般2小時可以完成的工作，自作主張花了10小時去做，也不可能因此「生出五倍的價值」。

所以，一定要依據「普世平均值」來決定。

商品的價格取決於它的「價值」

我們還要認識一個重點：

● 商品的「價格」取決於該商品的「價值」

價值高的商品，價格也高；價值低的商品，價格自然就低。大家可能不太能接受這個事實。因為我們一般都認為商品的價格取決於「需求與供給」。

也有人認為，一件商品能否用高價賣出，是根據消費者對該商品的評價（它對消費者有多少助益或好處）來決定。

商品價格的確是要考慮「需求與供給」。需求的大小要看消費者有多麼想得到這件商品，而消費者的意願則來自於這件商品能對他們產生多少助益（有沒有「使用價值」）。

換句話說，「需求與供給」和「使用價值」都會影響商品的價格。

不過，這些還不足以說明商品價格。

我以「辦公大樓」和「鉛筆」為例來說明。

這兩者都是工作上必不可缺的要件。既是缺一不可，應該就是擁有相同的「使用價值」。

但即便兩者的「使用價值一樣」，「辦公大樓」與「鉛筆」的價格也絕對不可能一樣吧。

這是什麼道理？

因為兩者的「價值」不一樣。

建造一棟辦公大樓所需要的建材、勞力、時間，與製作一枝鉛筆的材料、勞力、時間，差距是很明顯的。

這個「差距」就直接影響了商品價格。

世上所有的商品，首先是以該商品的「價值」為基準。然後再看「使用價值」、「需求是否大於供給」，而它的價格便從這個基準值再往上加。

相反的，有價值卻沒有使用價值的商品，「需求小於供給」，便必須壓低價格，否則就賣不出去。

總結來說，先是以商品的價值為基準，再根據商品的有益性，最終反映到價格上。

大家要記好「先以價值為基準」這件事。

此外，景氣的好與壞、匯率的變動，也同樣是決定價格的要素。一件商品在景氣好的時候價格會上漲；遇到不景氣、賣不出去時就只好降價。

如果是國外進口的商品，價格還會受到匯率行情的影響。

不過，這些全都是「價值」基礎上的「附加」因素。

人們對「價值」的錯誤定義

問題是，多數人並非是以這樣的思維來看待商品價格。

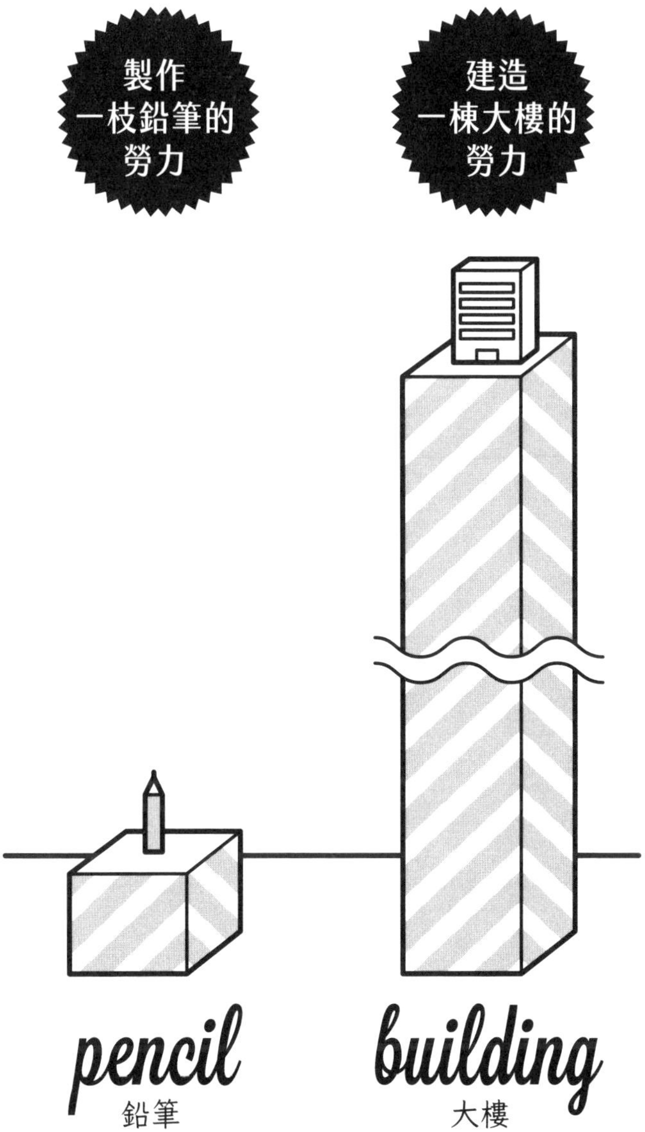

馬克思

Point!

一樣是帶來便利的東西，
價值不同，價格也會不同！

我們的想法通常都是：

「這個商品有這種功用，所以價格會是這樣……」

「御飯糰可以填飽肚子，這種滿足感差不多值這個價錢……」

但是，我要再重複一次，這都是對「價值」的錯誤認識。大家把「價值」和「使用價值」混為一談了。

商場上多半將商品的有益性稱為「價值」——「有用」就是「有價值」。

但是從《資本論》的定義來看，這應該要說該商品「有使用價值」。

例如某家電量販店的夾報廣告上寫著：「為生活帶來價值的商品，用最親民的價格提供給您！」說白了就是「把對大家的生活有助益（有使用價值）的商品，便宜賣給你」。

又例如，一個對社會有莫大貢獻的事業，我們會說「這個事業很有價值」，但是這裡的「有價值」指的是「有意義」，也就是「有使用價值」。

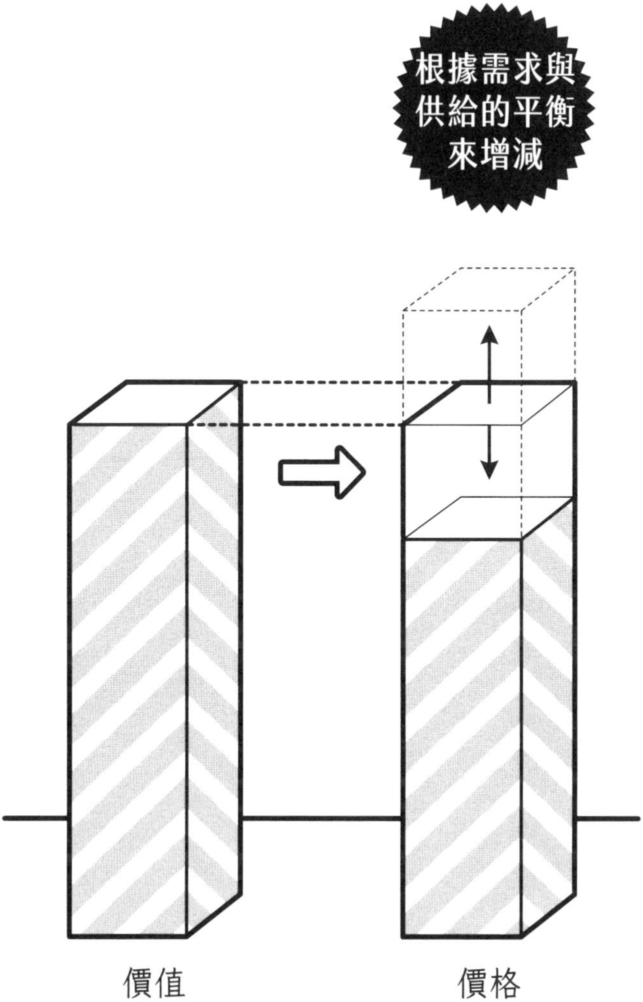

原則

商品的「價格」
是以該商品的「價值」來決定

富爸爸

Point!

商品的供需平衡
其實只是「價值」基礎的
附加因素！

換句話說，我們平時所說的「價值」，大多是《資本論》中的「使用價值」，甚至全都是這個意思。

這正是我們對「商品價格」產生混淆的最大原因。這個誤解導致我們想不通「應該如何讓商品以高價賣出」此一問題的正確答案。

我一再強調商品的價格是取決於它的「價值」（製造商品所耗費的勞力），再根據「需求與供給的關係」去調整價格。

我們平時認為決定價格的因素，例如商品的「品質」（「好吃／難吃」、「輕巧便利」、「耐用度」等），或是「有多少助益」，其實都只是「價值」的附加要素。

我之所以要一再強調這點，是因為「價值＝價格」的道理，也完全適用於我們薪資金額的制定。

想要加薪，重點就藏在這裡。

御飯糰為什麼要賣100圓？

「商品的價值」是根據生產該商品時所必要「原材料價值的總和」。以「原材料的價值」為基礎，原材料的價格決定了商品的價值。

也就是說，一件商品的價格，是由原材料價格層層疊加所構成的。

這到底是什麼意思呢？

我再以先前所舉的便利商店御飯糰為例。

御飯糰的價格是由原材料的價格合計＝100圓而來。

以這個100圓為基準值，加入「需求與供給關係」的因素，變成120圓，或是80圓。

這就是資本主義經濟下「商品價格」的決定方式。

我們以為消費者爭相購買的「人氣商品」，價格就會變高，但其實這只是次要因素。

價格的基準還是建立在「商品在製作過程中耗費多少勞力」這個「價值」的大小之上。

從經濟學的角度來看，勞動力也是「商品」

公司職員領公司的薪水、為公司工作。換句話說，就是「把自己的勞動力賣給公司」。

這裡有一個非常重要的觀念：

● 勞動力也是一種「商品」

這並不是說我們自己本身是商品，否則這就變成人口買賣了。而是我們利用自己的時間、精力來工作，這個行為就是一種「商品」。

就像零售商店把商品銷售給客人、餐廳為客人提供餐點飲食、上班族以自

御飯糰的價格（100 圓）

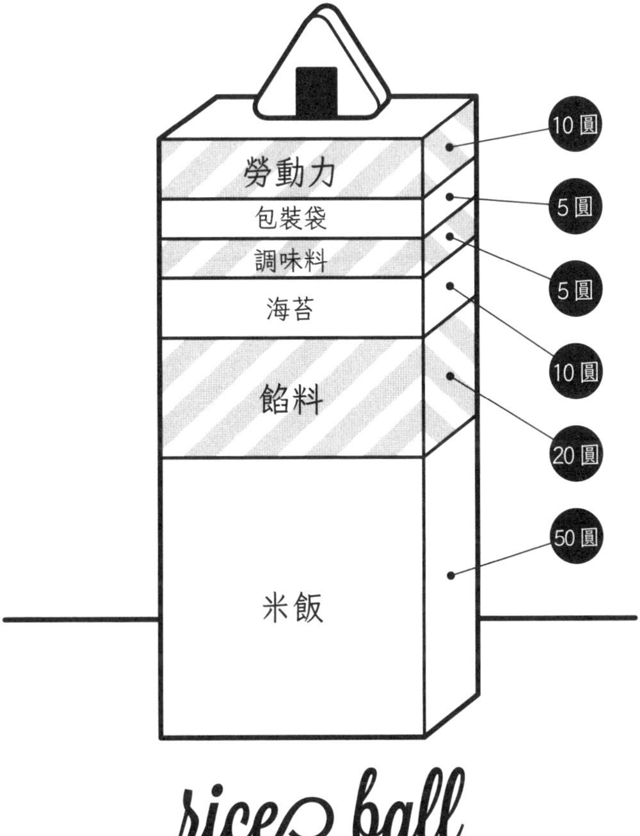

馬克思

Point!

價值累積成價格的基準！

己的勞動力作為「商品」賣給企業。

上班族拿「自己的勞動力」，與一般商品一樣進行「交易」。

我們的勞動力雖然不像超市商品那樣陳列在架子上，但勞動力的買方（企業）和賣方（勞動者）商定好條件進行交易，從這層意義上看來，勞動力也算是一種「商品」。

儘管如此，從未想過這一點的人應該占大部分吧。

「希望有人高價購買自己的能力」、「在轉職市場提高自己的行情」這些口號只是一種比喻，並不是真的把自己的勞動力當成一般商品在看待。

既然勞動力也是商品，那麼「勞動力這個商品的價值」應該就要用與其他一般商品一樣的方式來決定。換句話說，勞動力這個商品的價值是「製造『勞動力』這個商品所必須的原材料價值之總和」。

那麼，「製造勞動力所必須的原材料」又是什麼呢？

因為「勞動力」不是物品，不能將之「形塑」。

勞動力的價值

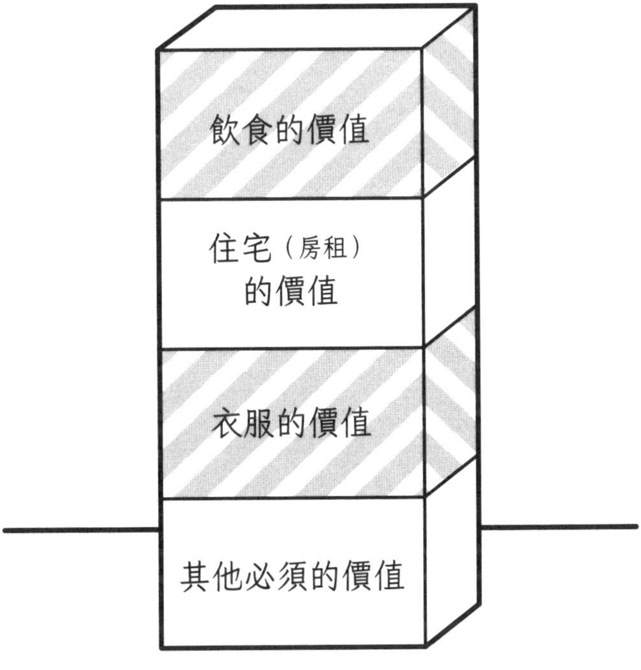

勞動力的價值 讓明天也能執行同一個工作所必須的各種價值之總和

馬克思 Point!

「勞動力的價值」和「商品價值」都取決於同一個道理！

我們換個說法，「怎麼樣才能把我們的勞動力賣出去？」這樣各位是不是比較有概念了？

「勞動力是可以賣出去的」，簡單說，就是「可以工作的狀態」。也就是「準備好一整天可以工作的狀態」。

何謂「製造勞動力」？請想像我們一整天工作下來「精力0」的狀態，以及隔天恢復到「精力100」可以工作的狀態。

馬克思稱此為「勞動力再生產」。

換句話說，「勞動力的價值」就是勞動力再生產的必要因素之總和。

具體來說，勞動者工作一整天，為了隔天還能繼續工作，必須吃飯、回家睡覺休息。

當然，衣服也是必要的。工作之餘需要出去小酌調劑心情、與朋友聯絡則需要手機……。

當然還有其他生活中必須的物品，不過為了方便說明，這裡就不一一詳述。

這麼看來，「勞動力的價值」可以用75頁的圖表來表示。

應該很少人會對對勞動力做這樣的解讀。「將自己的勞動力賣給企業」，即使有這樣的認知，也不懂勞動力的價值其實質意義是什麼。

但無論如何，這對於理解自己的薪資是如何制定的是非常重要的觀念。

勞動力的價格，也是由「價值」來決定

決定「勞動力價值」的方式，就跟決定其他一般商品價值的方式一樣。而勞動力的價格，也跟其他一般商品一樣，同樣是以「價值」為基準來決定的。

「勞動力這件商品的價格」，簡單說，就是大家的「薪水」。

大家的薪水，都是以「個人的勞動力價值」為基準來決定的。

我想再問一次：

「為什麼你這麼努力，薪水卻始終沒有提升？」

「為什麼你的業績這麼好，卻沒有被加薪？」

許多人都以為，「只要努力就可以獲得相應的加薪」、「只要業績成長，薪水就會提升」。

但是，我們的薪資既然是以「勞動力的價值」為基準來決定，那麼無論你有多努力、業績有多好，只要如75頁圖示的「價值」不變，你的薪水也不會改變。

「哪有！現實中業績好的人都有獲得加薪，跳槽的人薪水也提升了呀！」

也有人會提出這樣的反駁吧。

不過，這還是像普通商品在決定其價格時一樣的道理。

一般商品是以「價值」為基準，再以「需求及供給的關係」在其價格上做出調整。我們可以用同樣的道理來思考。

業績好的人，許多企業都「需要」。因為需求多，所以它們的「價格（薪資）」自然會提升。

能獲得加薪的原因，絕對不是因為業績好。這一點，可以從為公司賺取兩倍盈利的人並沒有獲得兩倍的薪水來證明。

能賺取兩倍盈利的人都是「炙手可熱」的人才，但這只不過是因為「需求與供給的關係」，才讓他們的薪水得以提升。

開發中國家人力便宜的「根本理由」

我們將先進國家與開發中國家的人事費用做個比較，就可以更理解「業績（為公司賺取的盈利）」與薪水無關的事實。

現在有許多日本製造商將工廠轉移到中國或東南亞。

因為那些國家的人事費用比較低廉。

就算把工廠移到開發中國家，也是生產一樣的商品。在開發中國家生產，再賣到日本或美國，商品的售價（企業的銷售額）也不會改變。

這麼看來，在日本工作的勞動者與開發中國家的勞動者，若執行同一個業務，「業績」應該也會完全相同才對。

然而，開發中國家的人事費用，遠比日本・美國等地低廉。

這是為什麼？

「因為那些是開發中國家。」

這個回答並不足以說明問題。開發中國家為什麼薪水那麼便宜？關於這一點我們必須從根本處來思考。

我來揭曉答案。

開發中國家的人事費用比先進國家便宜的原因是，「因為開發中國家的物價低廉，勞動者的生活開銷便宜。既然勞動者花很少的錢就能生活，勞動力再生產的成本自然也更低。換句話說，他們的勞動力價值很低」。

所以還是「勞動力的價值」在決定薪資的金額。

日本
物價高

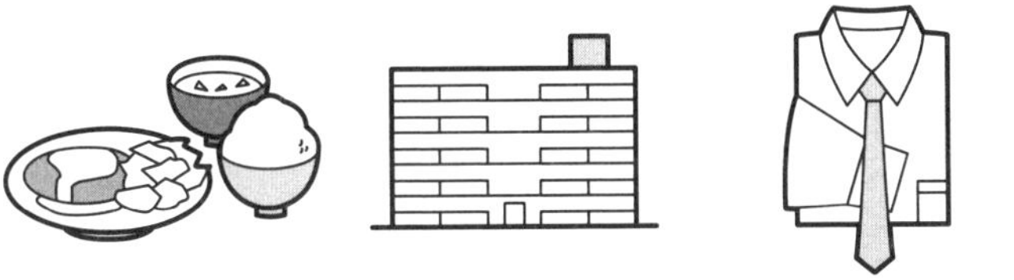

飲食　住居　服飾

開發中國家
物價低

飲食　住居　服飾

開發中國家人力費用便宜的根本原因
在於「勞動力的價值」很低

富爸爸

Point!

薪水的差距在於
「勞動力價值」的差距！

技術學習費要加算到「勞動力的價值」

如前面所述，我們的薪水是憑「勞動力價值」來決定。

但是，例如一樣是坐在辦公室工作，普通職員的薪水與律師的薪水卻是天差地別。

這個理由也可以用普通商品的道理來思考。

便利商店的御飯糰，大概100圓就買得到，而百貨公司地下街熟食店的御飯糰一個卻要價200～300圓。

一樣是御飯糰，為什麼價格會相差兩、三倍？

價格的差別，在於兩者原材料的差別。

百貨公司的御飯糰用的是「紀州梅」、「知床鮭魚」等高級食材，米也是採用高級品牌。這些都是令其「價值」變高的因素。

「紀州梅」的生產過程比普通梅子更繁複，所需的勞力既然比較多，「御飯糰的價值」當然也會上漲。

我還是要強調，商品價值的高低，就是原材料價值總和的高低。但是，不是將原材料放在桌上，商品就會自然完成，還必須要有人把原材料加工、製造成商品。

以御飯糰為例，必須懂得用適當的力度捏製，還必須保持形狀完整、正確裝袋。

這些技術也是「原材料」的一部分。

製造「紀州梅」所耗費的勞力要疊加到御飯糰的價值上。同樣的道理，學習捏製御飯糰技術所需的勞力也是「技術的價值」，也必須要與其他材料一起疊加到商品的價值中。

勞動力的價值也是完全一樣的道理。

A的工作必須要有A程度的知識和技術。一般來說，若要取得A程度的知識／技術，要花100個小時才能學會。

另一個B的工作，需要B程度的知識和技術。而學習B程度的知識／技術必須要花200個小時。

這樣看來，B的勞動力價值比較高。

商品的原材料包含了製作這件商品所需的「技術價值」；同樣的，勞動力這個商品也有「執行這項工作所必要的技術」，所以學習技術所耗費的勞力（費用、努力與時間）都要考慮進去。

因此，除了飲食、房租、治裝、調劑身心的聚餐等費用，技術習得費也要算進「勞動力的價值」。

要成為餐廳的主廚，必須先經過長期的進修，最後才能以主廚的身分工作。換句話說，廚師的修業就是「以主廚身分工作」這項勞動力的「原材料」。

因此，「主廚」這個勞動力的價值，不僅是每天以主廚身分勞動，還包含了過去在修業期間付出的勞力。

同樣的道理，要成為大學教授，必須先學習專業知識、撰寫論文。而這段進修期間及撰寫論文所耗費的勞力也都要加計到「大學教授的勞動力價值」。

此外，還有許多必須擁有證照或執照的職業。假設為考取這些證照／執照要花100萬圓，這些錢也會加計到從事該項工作的勞動力價值。

不過，即使花了100萬圓考取證照／執照，也不是第一次工作就可以把這100萬全額都算進「勞動力價值」。必須考慮取得證照／執照的有效期間，將「100萬圓」均攤到這個期間內，才能加計到勞動力價值。

無論如何，「從事該項工作的準備」所耗費的勞力，都要算進每個人的「勞動力價值」中。

醫師的薪水為什麼是看護師的三倍？

我在前文說明了勞動力價值，必須加計為了從事這項工作所學習必要技術而花費的勞力。也就是說，學習技術所耗費的勞力越大，勞動力價值就越高，薪水也會跟著上漲。

舉例來說，聽說有些醫師的時薪是1萬圓。一般企業的職員時薪則大約是1000～3000圓，兩者之間的差距並不是因為「醫師的工作比一般上班族的工作困難」或是「醫師是從事救助人命的工作」。

這樣的想法會讓我們看不清薪資的本質。

事實上，醫師的工作很辛苦，也很困難。內科、皮膚科、小兒科、眼科……，每個專科都與人們的健康息息相關，都是非常重要的工作。但是，並非是「因為醫師的工作強度大、責任重，所以領高薪」。

我們不要被誤導了。

如果說「這是為了維繫人類生存所必要的重大工作」，所以要支付高額薪水，那麼看護師（日本名為介護士）的薪水也應該是同樣的水準。但是，醫師的平均年薪將近1000萬圓，而看護師的平均年薪才300萬圓。

同樣是「為了維繫人類生存所必要的重大工作」，但兩者的薪水卻是雲泥之別。

醫師之所以領高薪，是因為從事這項工作必須學習大量知識，並為此做長期的準備。大家都能理解成為醫師的準備工作很辛苦，所以他們的薪水很高。至於看護師的工作則著重於勞動，雖然也具有很高的社會意義，但是成為看護師的準備工作遠比醫師少。

這個差距就反映在兩者的薪資上。

公司支付「證照津貼」給你的真正原因

有些公司會支付「證照津貼」給員工。

如果「業績」是決定薪資的考量因素，證照津貼這個「制度」就有點匪夷所思了。

因為薪水是依據業績發放，一個人有沒有證照，與他的薪水應該沒有直接關係。但若想到「勞動力價值」包含了準備期間付出的勞力，好像就不是那麼不能理解了。

證照津貼正是考慮到「為考取證照所耗費的勞力」。

相反的，那些任何人都能簡單執行的工作，由於不需要「學習技術」，薪水自然也較低。無論多努力，再怎麼拚業績，「明天還是同樣做那個簡單執行的工作」，「必要經費」也就不多。

如此看來，單純作業的勞工，薪水低廉是「必然」的結果。

這與「名校畢業」或是「每天長時間勞動」都沒有關係，而是因為儲備「勞動力」的原材料費少，薪資自然就低。

大叔的薪水比較高是理所當然的嗎？

說到津貼，有些公司也有所謂的「家屬津貼」。勞動者結婚生子，有了必須扶養的家人，就可以向公司請領家屬津貼。

我想大家都不曾認真思考過家屬津貼的意義吧。但是，冷靜想一想，這筆津貼好像有點不可思議。家人增加，與公司的業績、自己的工作狀態，都沒有直接的關聯。

然而，「日本企業」卻大多願意支付所謂的家屬津貼給職員。

但是若從「勞動力價值」的意義來看，這筆家屬津貼就能找到解釋了——勞動者有必須扶養的家人時，「為了明天也能執行同樣工作所需之費用」當然也要包含家人的生活費。換句話說，在家人無法維持生計的環境或條件下，勞動者本身也不能再繼續工作了。

扶養家人是「為了明天能夠執行同樣工作的必要行為」，所以這個部分也算是必要經費。

這麼看來，日本企業的薪資逐年遞增、依年資決定薪資的制度也就很合理了。隨著年齡增長而加薪，是因為一般認定「必要經費」會因此增加的緣故。

舉例來說，過去我們對典型日本人的印象都是「二十五歲結婚、二十八歲生子、平均一家四口」。「社會一般認定」的行情，即是：○○歲的日常開銷是××圓——孩子出生後，必要的生活開銷也會增加；孩子長大後，生活上需要的照顧雖然減少了，但教育費等開銷卻成為更大的負擔。

所謂「典型日本人」，必要的生活費是一年比一年多，所以薪資才會逐年遞增。

我以前上班的職場上經常有年輕職員會抱怨：「那個大叔也沒做什麼事，憑什麼薪水比我們多？」

但正如我一再說明的，薪水根本與業績無關，而是因為那些「大叔」的生活費比較高——「為了明天也能執行同樣工作的必要費用高」，所以才會領比較高的薪水。

如果員工買了房子，有些公司甚至有「住宅津貼」。原本租房子或是住在公司宿舍的員工如果買了房子，「住居費」就增加了，所以公司便要支付這部分的必要經費。

冷靜想一想，「家屬津貼」或「住宅津貼」都與勞動者本人的工作成果或努力無關。

但是，若將這種制度視為理所當然、心安理得，就表示自己接受薪水不是憑業績或努力決定的事實了。

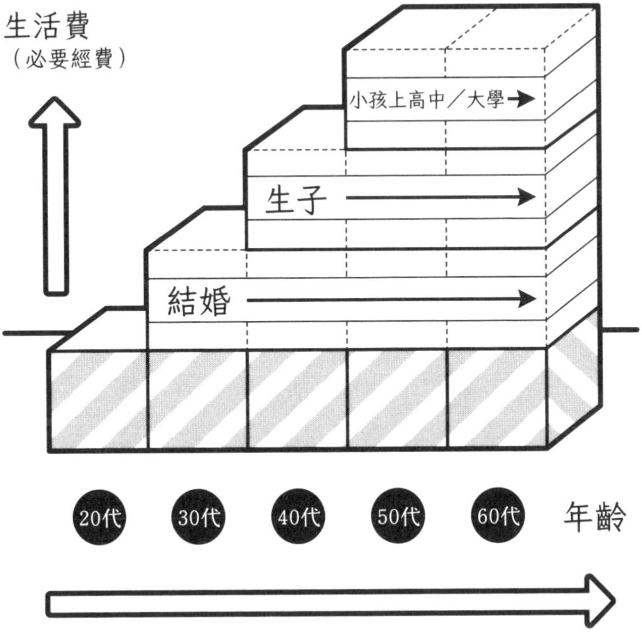

年資制的薪水會逐年遞增，
是因為你的生活費一年比一年高

富爸爸

Point!

無所事事的大叔，
隨著年齡增長，
薪水也會向上調漲！

再看看坐在窗邊的大叔，「他又沒做什麼事……」這種抱怨也說不出口了。一切都是我們自己對勞動力的價值認識不清。

薪水結構的真相其實是……

為了再生產勞動力（明天也能工作），我們必須吃飯。
所以公司給我們足夠吃飯的錢，做為薪水。
為了再生產勞動力（明天也能工作），我們必須休息。
所以公司給我們足夠租房子的錢，做為薪水。
為了再生產勞動力（明天也能工作），我們必須穿衣服。
所以公司給我們足夠買衣服的錢，做為薪水。

如此看來，勞動者僅僅拿到「足夠應付明天繼續工作所需要的錢」而已。
再者，假設一般人平均「一個月要出去小酌幾次，才能紓解壓力」，這筆飲食費也算是「必要經費」，公司也要支付這部分的錢做為薪水。

只不過，這也是因為這是「確保身心健康的必要經費」。有必要才給，絕對不是因為勞動者「工作很努力」或「業績達標」。

我們的薪水就是像這樣「由必要經費層層疊加」而來的。

現在大家看懂「必要經費制」的真正意義了嗎？

這就是「為什麼你的錢總是不夠用？」的答案。

從名副其實的窮忙族群，到年薪1000萬圓的高收入族群，大家都感覺「錢不夠用」，原因就在於「必要經費制」。

我們只能從公司那裡得到必要經費，換句話說，「超出必要的部分」就拿不到。我們支領的薪水，只是還能繼續以勞動者身分工作所必要的經費。這與向公司支領為執行業務必要的經費是一樣的意思。

假設上班必須穿著制服，因為是業務所需，就可以向公司支領5萬圓的制服費，再自行購買。

雖說額外領了5萬圓，但大家也不會覺得因此變得「有錢」。因為這筆錢是自己工作時必須開銷的「必要經費」。不管這套制服有多昂貴，意思還是不變。

同樣的，支領工作上必要的交通費，也沒有人會覺得「生活因此獲得改善」，因為這是自己先代墊的「必要經費」；招待客戶的收據拿回公司報帳，也不會覺得「賺到了」。

大家每個月領公司的薪水，也都是一樣的道理，你只是領到工作上必要的經費而已。

這樣的結構，不管是「窮忙族」還是「高薪族」都一樣。領高薪的人只不過是自己工作上的必要經費比較高罷了。

支領這些必要經費，你的銀行帳戶餘額的確是增加了，看上去似乎「有錢了」，但這些錢日後在工作中自然又要花出去。

偶爾聽到別人開玩笑說：「不知不覺錢就花光了，真是不可思議！」其實完全沒有什麼好不可思議的。因為我們領到的錢，就是為了明天也能工作所需要的金額而已，只要繼續工作就會把它花掉，理所當然。

從日本企業的角度來看，高薪族比一般人在工作上承擔更大的責任和壓力，恢復體力和精神因此需要更多費用。由於他們的時間很寶貴，搭計程車也是必要的開銷。

因為有各種必要的開銷，所以才「高薪」。

絕不是因為業績達標才高薪（請注意，外商銀行員的薪水是「分紅制」，不能與必要經費制相提並論）。

年資型逐年遞增的薪水也是同樣的道理——到了適婚年齡、結婚生子後，扶養家人需要的金錢都會加算到薪水中，這才變成「高薪」。

日子過著過著，為了扶養家人而支領的薪水，到了月底當然就「不知不覺花完了」。

近年來，有越來越多公司引進不同的薪資體系，各有各的人事制度。但是，從日本整體來看，必要經費制背後還是有其考量，大多還是以這樣的方式來制定薪資。

如果「個人所需的必要經費」低於平均值的話……

雖說薪資是必要經費，卻也不能「只要自己需要，就可以無限支領」。

先前我說過，商品的價值是取決於「社會上一般認定必要的工序」，也就是「社會上一般認定製作一件商品必須花費的原材料和勞力」才能算作商品價值。

勞動力的價值也是一樣的道理。

能夠稱為勞動力價值的，只有「社會上一般認定的必要費用」。任何個人主張「我需要更多的餐費……」都說不通。

由此看來，「這輩子像是沒指望了」，但卻也不盡然。事實上，這個結構也可以是改善生活的關鍵。

「只能得到社會上一般認定的必要費用」另一面的意思，就是「社會上一般認定的部分，就算個人用不到也能支領」。

舉例來說，公司通常都會支付通勤交通費給員工。有些是「每月上限3萬圓」，也有「一律支付3萬圓」的公司。

「一律支付3萬圓」就是「即使通勤交通費只需要2萬圓，公司還是會給你3萬圓」。因為平均要花「3萬圓」，但花不到這個金額的人也可以支領。

這就是「（就算個人不需要）社會上一般認定必要的金額」。個人所需的必要經費比社會上一般認定的必要經費還要少，而那些多出來的部分不就是「賺到了」嗎？

「個人所需的必要經費低於社會上一般認定的金額時，就是賺到了」這個概念很重要，也是理解本書所述理念的重點。

請大家不要忘記！

為什麼同樣的工作，每家公司的薪水不一樣？

我想問大家一個問題：

「為什麼都是做同樣的工作，人們的薪水卻不一樣？」

同一種工作，薪水也會因公司而異。一般來說，大企業的薪水比中小企業高，母公司也會比子公司高。

「因為中小企業或子公司的企業利潤比較少。」

多數人可能都這麼認為。畢竟「公司利潤少，員工的薪水也少」很正常。

表面上看起來的確是這樣，但這並不是本質上的理由。

「公司利潤少，所以員工薪水也少」之所以成立，是因為「即便薪水少，但還是有願意留下來、不會跳槽的員工」。就算公司利潤少，但如果員工都主張「那與我無關，不加薪的話我就跳槽」，那麼公司也不得不加薪。沒辦法加薪的公司，最後只能關門大吉。

事實上，這是「需求與供給」的問題。

勞動力與一般商品一樣，價格也是以價值為基準，再因「需求與供給的關係」調整變動。勞動力需求高的人（優秀人才、許多企業爭相邀約的勞動者），就可以高價「賣出」，也就是跳槽到提供高薪的公司。

相反的，不會自我推銷、不受企業需要的人，就只能屈就低薪，待在薪水較低的公司。

反過來說，若不能跳槽到薪水高的企業，就只好忍受低薪了。

勞動力還是以「價值」為基準，再考慮「使用價值」。而對勞動力的「需求」，就要看使用價值如何了。

這裡依舊是延續本書先前所述的觀念（不過，事實上，要開口跳槽並沒有那麼簡單。就算有跳槽的實力，也難免碰到時機不對，或是其他條件不合的情況。這裡為簡單說明，是假設各職場或工作性質一樣，單純做「薪水」的比較而已。現實中，高薪不一定代表實力）。

不能跟上時宜的公司，薪水只會一路下降

我們現在討論的是「勞動者個人受企業需要的程度有多少」與「這麼做可以改變勞動者的薪水」，同樣的道理，「企業受社會需要的程度有多少」，這也會間接影響到勞動者的薪水變動。

一般人都認為「薪水要看公司的業績狀況」，業績好的時候，薪水確實會調高；如果業績不振，薪水就會降低。所以，我們都以為「自己的薪水是依據公司的業績而定」。

但是，業績再好的企業，給員工的薪資還是有其上限，而連年赤字的企業，薪水也不會變成「零」。

所以，勞動者的薪資並不會與公司的業績連動。

這也是「需求與供給的關係」。

如果公司的商品滯銷，表示這家公司已經不被社會需要。社會大眾對一家公司的需求下降，在那裡進行的工作也不再被需要，對那裡的勞動者需求也就

降低了。

薪水是因為這樣才減少的。

老企業的薪水為什麼比較高？

有時候老企業的薪資水準會比新興企業要高。同一時期，規模和業績大致相同的A、B兩家公司，歷史較悠久的A公司，其薪資水準會比較高。

這可能是因為A公司的薪水，是根據「景氣好的時代，社會普遍必要的經費」這個基去制定的。

舉例來說，從一九六〇年代的經濟高度成長期，到一九八〇年代後半開始的泡沫期，經歷過這段歷史的企業，薪水就是「景氣好的時代，社會普遍必要的經費」。泡沫時期的景氣特別好，許多人「為圖輕鬆，下班搭計程車回家」或「為消除壓力，每天到處飲酒作樂」，這些都是社會普遍觀念中默認的「必要經費」。

換句話說，那個時代的勞動力再生產成本是上揚的。

在日本，薪資一旦調漲，就不太可能再調降。傳統的日本企業都有勞動者工會，員工每年會發動「春鬪」[1]來訴求加薪。春鬪就是「爭取加薪」的鬥爭，基本上沒有「減薪」這回事。

有工會組織的企業，即使隨著時代演進，社會普遍的「必要經費」已經減少，勞動力的價值也已下降，卻也難以將薪資調降。

經歷過好景氣的企業，「勞動力價值」一旦調升便一直維持著，因此它們的薪資水準才會比新興企業來得高。

所以，並非是「因為公司規模大」薪水才高，最後仍然是以勞動力價值為基準來決定每個人的薪水。

每個人都要面對資本主義的遊戲規則

讓我們再回想先前的提問：

「為什麼我這麼努力，還是沒有加薪？」
「為什麼我的業績這麼好，薪水卻沒有增加？」
「為什麼我總是感覺錢不夠用？」

這是因為我們的薪水只是「必要經費」——薪水是「我們為了可以繼續工作所必須支出的錢而已」。

1 日本的春鬪始於一九五四年，由五大產業公會發起，於每年二至四月間舉辦。多數企業都會接受勞資協商後的最終結果，調整勞動者的薪資及附加條件。

「為什麼薪水都大同小異？」
「為什麼薪水要逐年遞增？」
「為什麼整天無所事事、等待退休的窗邊職員[2]薪水領得比我多？」

這是因為薪資是以「勞動力價值」為基準，再根據「明天也能執行同樣工作所需的必要經費」來決定，而所謂的「必要經費」會隨著年資逐年調升。

這就是「薪資的本質」，以及「薪資制定方式的真相」。

在日本企業上班的人，大多不知道自己身處於這樣的遊戲規則當中。

若不懂這個基本的道理，去計較企業的個別「待遇」或「對人才的看法」便毫無意義。因為無論在哪家企業，都只能領到符合你勞動力價值的薪水。

現在大家是不是對「勞動」一事改觀了呢？

接下來在第二章，我們要更深入探討勞動者身處的狀況。

我們都生活在「資本主義經濟」的洪流中。

就像河中的浮木和落葉一樣，無論我們是否樂意，大家都只能朝著同一個方向漂流。

我們到底要流向何方？

我們能不能反其道而行，自己決定方向呢？

讓我們一起來找尋答案吧。

2 意指不受重用的員工，取其座位經常被安排在窗邊角落之意。

第二章

公司為了「盈利」，你的勞力將被壓榨得一滴不剩！

公司的「盈利」從何而來？

這一章同樣要從解答大家的提問開始。

問題

- 公司的「盈利」是什麼？
- 公司如何產生盈利？

遇到上述的問題，大家會怎麼回答呢？

雖然是單純的疑問，但就像「何謂薪水」一樣，恐怕沒有人能馬上答得出來。

這個問題非常重要。

理解「盈利如何產生」，才能理解資本主義經濟的結構，同時也才能知道我們這些勞動者在盈利產生的過程中，如何為「企業（資本家）」做出「貢獻」。

換個說法，我們的行動有多少是「屬於企業」的呢？那些「隱藏的結構」，都將在此一一明朗。

本章要說明企業盈利產生的結構，以及企業如何增加盈利。此外，還要告訴大家我們身為勞動者「必然的命運」。

勞動者生產的「剩餘價值」就是公司的盈利

「進貨後銷售，其中的差額就是盈利。」

我們都以為「盈利」是這樣產生的，但若你仔細研讀《資本論》就會發現，企業生產盈利的方法完全不是這麼一回事。

> 將價值「100」的東西，壓低價格，以「95」進貨，再瞞著顧客，以「105」賣出（前後的差額「10」就是盈利）

商業行為的盈利可不是這樣來的！

正常的交易是：價值「100」的東西，以價格「100」進行交換。一件商品若是供需一致，就會以它的「價值」去決定價格，照著「價值」進行交換。雖然有些人會向交易對象「壓低價格」，或是以「欺瞞」的手段獲取盈利，但那也只是「一小部分」而已。

原則上，還是會「依照價值」進行交換。但這麼一來，「價值100」的商品，就是「以100進貨，再以100銷售」。就算做再多交易，也只是用同樣價值的東西在交換，沒有盈利產生。

不過，現實中是有盈利的。

盈利從何而來呢？

馬克思主張商業行為的盈利，是商品在生產過程中所產生的「剩餘價值」。

商品的生產需要「原材料」、「機械設備」（包含工具），以及「勞動者」。企業購買原材料和機械設備、雇用勞動者、進行生產活動，利用１００圓的原材料進行生產，完成的商品包含了１００圓的原材料費，也就是「原材料的價值」。

原材料無論如何改變形態成為商品，其「價值」都是不變的。

我曾在第一章說明，原材料的「價值」會轉移到最終的商品上。

機械設備也是一樣，用１億圓的機械設備來生產，商品就包含了１億圓「機械設備的價值」。

商品生產前和生產後，「價值」是在哪一個部分上升的呢？答案是「勞動」的部分——勞動者生產超出自己薪水的「價值」，這才有了所謂的「剩餘價值」。

這個「剩餘價值」就是企業的「盈利」。

最重要的是，能夠增添新價值的只有「勞動者」。

大家可能還不太懂，我必須再具體說明一下這個「勞動者生產剩餘價值的過程」。我們經常會聽到「勞動者被壓榨」的言論，這是什麼意思呢？我說明之後，大家應該就能理解它真正的理由了。

你的「剩餘價值」是怎麼產生的？

我以《資本論》中的例子，分析一下從棉花到棉線的生產過程。

假設10公斤棉花，可以生產10公斤棉線。生產過程中發生的費用如下：

棉花10公斤……………12000圓
使用的機械設備租金……4000圓（1小時1000圓×4小時）
勞動者的薪水…………4000圓（1天）

合計：20000圓

這是企業要支付的費用——企業要支付這麼多費用來生產商品（棉線）。

其中，「機械設備租金」是「只支付使用的部分」。假設使用1小時是1000圓，使用2小時就是2000圓。就像辦公室裡的租賃影印機，「印了〇〇張，本月帳單為××圓」按月結算。

接著，是生產出來的棉線「價值」如何？

用10公斤棉花製造10公斤棉線，社會一般認知要花「4小時勞力」。也就是說，勞動者從事加工，1小時可以生產1000圓的「價值」。

「生產價值」是什麼意思？

請回想一下第一章的內容：商品的「價值」會因為人工而增加。而勞動者的工作本身就會產生價值。

以100圓買入「鮪魚」，經過勞動者加工成「生魚片」，這份生魚片就有100圓以上的「價值」。

如果勞動者完全不工作，生產的價值就是零。

這裡有一個很重要的事實，「勞動者的薪水，與勞動者『生產的價值』並沒有關係」——薪水與勞動者的努力和工作成果無關，只是單純作為「勞動力再生產的成本」支付給勞動者。在這個例子中，4000圓即是勞動力再生產的成本——為了明天也能繼續同樣工作所必要的金額，就是4000圓。

無論勞動者工作與否，企業都要支付這4000圓給勞動者。

有了以上的概念，我們再來看生產的商品。

棉線的「價值」是根據以下的細項計算出來的（與前面「企業的支付費用」算式非常相似，請注意其中相異之處）

棉線10公斤的「價值」

棉花10公斤的「價值」……12000圓

機械設備的「價值」………4000圓

勞動者生產的「價值」……4000圓（1小時1000圓×4小時）

合計：20000圓

生產 10 公斤棉線……？

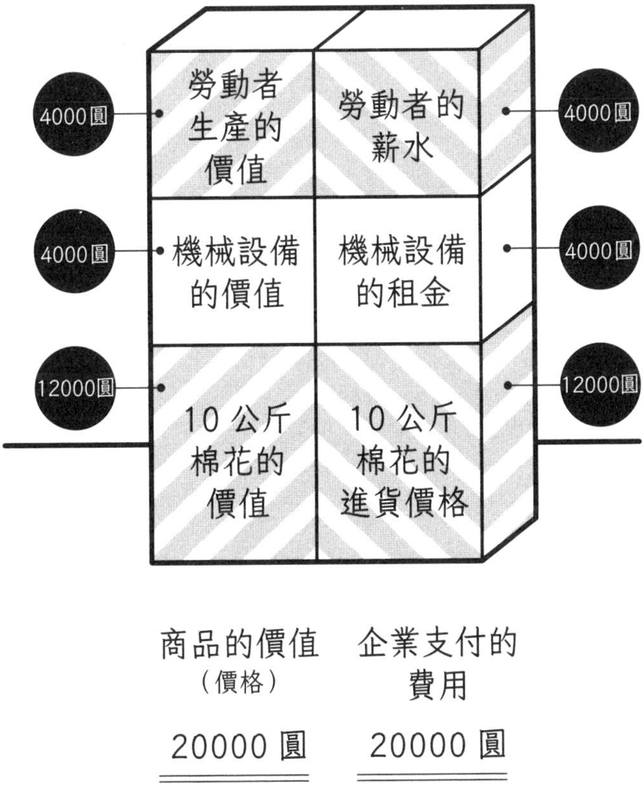

馬克思

Point!

若費用與商品的價值一樣，
盈利就是 0 圓！

當你的生產量加倍時，就會發生有趣的現象……

企業買入棉花、租用機械設備、雇用勞動者，總共會發生20000圓的費用。而生產出來的棉線價值總和也是20000圓。

企業花了20000圓的費用，生產20000圓的商品，若以正常交易來說，這樣完全沒有盈利。「剩餘價值」為零，這樣的生產活動毫無意義。

但是，若企業計畫生產20公斤棉線，情況就改變了。

生產20公斤棉線時，需要的棉花是10公斤的兩倍，製造時間也是兩倍，機械設備的租用時間也會變成兩倍。

企業支付的費用

棉花20公斤……………24000圓

使用的機械設備租金………8000圓（1小時1000圓×8小時）

但是，「勞動者薪水」與生產10公斤棉線的時候相同，還是4000圓。

這是為什麼？

先前我一再說明過「勞動者的薪水」是取決於「勞動力的價值」（勞動力的再生產成本）。就算一天的勞動量從4小時變成8小時，「明天也能繼續同樣工作的必要經費」（食費、房租、治裝費等）幾乎不變。

既然勞動力價值不變，勞動者的薪水也不會改變。

換句話說，企業需要的「勞動力進貨價」金額並沒有改變。

企業支付的費用

勞動者的薪水……………4000圓（1天）

因此，企業支付的全部費用如下：

企業支付的費用

棉花20公斤……………………24000圓
使用的機械設備租金………8000圓（1小時1000圓×8小時）
勞動者的薪水………………4000圓（1天）

合計：36000圓

如此一來，生產出來的商品，即棉線20公斤的「價值」是多少呢？

棉線20公斤的「價值」

棉花20公斤的「價值」……24000圓
機械設備的「價值」………8000圓
勞動者生產的「價值」……8000圓（1小時1000圓×8小時）

合計：40000圓

生產棉線 20 公斤……？

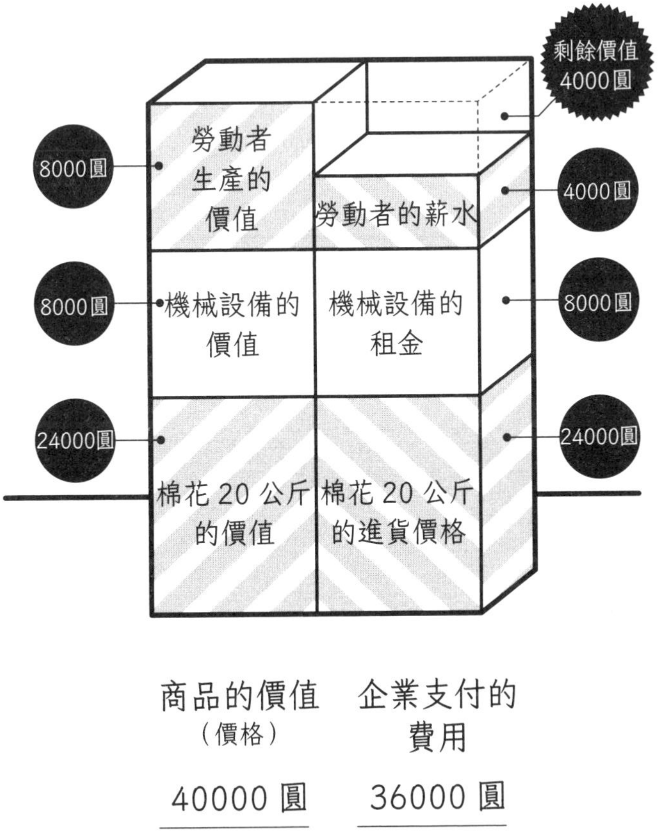

馬克思

Point!

就算產量加倍，
勞動者的薪水也不變！

勞動者工作8小時，又生產出8000圓的「價值」。

我們將企業支付的費用與棉線的價值做個比較，會發現一個有趣的現象。

生產棉線20公斤的費用　＝36000圓
棉線20公斤的價值（價格）＝40000圓

這與生產10公斤棉線的時候不同，費用與價值不再是同一個金額了。

差額（40000圓－36000圓）的4000圓，就稱為「剩餘價值」。

這個剩餘價值正是企業的盈利。

勞動者為什麼被迫要超時工作？

我希望大家注意到：「勞動者生產的價值」與「勞動力的進貨價格（勞動者的薪水）」兩者並不一樣。

剩餘價值（盈利）的祕密就在這裡！

企業雇用勞動者（買進勞動力），讓他們工作，生產「剩餘價值」。換個角度來看，勞動者付出超乎自己薪水的勞力，生產價值。其中的差額就是剩餘價值。

假設企業繼續增加棉線的生產量，30公斤、40公斤……，「勞動者生產的價值」與「勞動力的進貨價格（勞動者的薪水）」之間差額也會變得更大。

生產棉線30公斤

生產棉線30公斤的費用 ＝52000圓

棉線30公斤的價值（價格） ＝60000圓

剩餘價值：8000圓

生產棉線40公斤

生產棉線40公斤的費用 ＝68000圓

——棉線40公斤的價值（價格）＝８００００圓
——剩餘價值：１２０００圓

在這樣的結構下，為了賺取剩餘價值的企業當然會要求勞動者工作得更久、生產更多商品。

為「自己」的工作時間VS為「公司」的工作時間

簡單來說，企業為了賺取盈利，必須要求勞動者生產「超出自己勞動力的價值」——為了企業的盈利，必須讓「他們」一直工作。

不過，勞動者也並非完全只為了雇主／企業工作。

勞動者從企業那裡取得薪水。大家應該都聽過「至少對得起自己的薪水」這句話，意思是既然領了薪水，就要付出相應的勞力。

執行工作的這段時間，也不是為了企業，而是「為自己工作」。

我們有時候會感覺「勞動者被迫為公司工作」，事實並非如此。連說出「勞動者被壓榨」的馬克思自己也承認說：「我們還是有為自己工作的時間。」

換句話說，勞動者的勞動可分為兩種：

①為自己生產「薪水價值」的勞動 ②為資本家生產「剩餘價值」的勞動

勞動者生產等同自己薪水「價值」的勞動，稱為「①必要勞動」；而為企業盈利生產「剩餘價值」的勞動，則稱為「②剩餘勞動」。

舉例來說，A君一天的勞動力「價值（勞動力再生產成本）」假設是4000圓，一天8小時的勞動就生產出8000圓的「價值」。而在這8000圓當中，4000圓的勞動是「必要勞動（為自己賺取薪水的勞動）」，剩下的4000圓就是「剩餘勞動」。

總勞動時間 ＝ 必要勞動時間 ＋ 剩餘勞動時間

請大家先記住這個算式，它稍後還會出現。

只有「勞動」能夠產生剩餘價值

企業買入原材料、利用機械設備、雇請勞動者進行生產活動——這些全都是企業用來創造盈利的要素。換句話說，原材料、機械設備等都會產生盈利。

但事實卻並非如此。

我在先前的舉例中曾說過，「棉花的價值」與「機械設備的價值」之金額都會直接轉移到「棉線的價值」上。

假設機械設備花了10000圓，生產出來的商品中就有10000圓是機械設備的「貢獻」。原本屬於機械的「價值」，變成了商品的「價值」。

換句話說，只是棉花、機械設備形態的「價值」變成了棉線而已，商品的整體價值並沒有絲毫增加。無論用的原材料再好、機械設備多先進，這些都不會產生剩餘價值（盈利）。

我們一般都以為「壽司店的大鮪魚肚很賺錢」——鮪魚肚價格昂貴，仍吸引顧客爭相消費，令大家以為這是壽司店「最賺錢的商品」。

但現實卻不同。例如鮪魚赤身1貫120圓，鮪魚肚則是1貫420圓，假設進貨價格分別是赤身100圓、鮪魚肚400圓。平均賣出1貫能得到的剩餘價值（盈利）是一樣的。

鮪魚肚1貫的價格雖貴，但只是原材料（素材）昂貴而已。無論是赤身或鮪魚肚，壽司師傅付出的「勞力」都一樣，生產的價值也一樣，企業（壽司店）可得到的剩餘價值也不會變。

我一再強調，即使原材料經過加工，改變了形態，其價值也不會增加。唯有加入了勞動者的手工，商品的價值才會上升。所以並不是使用昂貴的材料，就能獲得盈利。

而勞動力這個「原材料」與其他材料不同，以先前的例子來說，進貨價格

（勞動者的薪水）4000圓，最終卻可以生產8000圓的「價值」。

由此可知，能增加價值的只有「勞動」。

企業要讓勞動者不斷工作，才能生產出支付費用以上的價值，也就是盈利。

三種與你切身相關的「剩餘價值」

只要勞動者的工作超出自己生活所需的必要勞動，便會產生剩餘價值。這就是企業的盈利。

剩餘價值可依生產方法不同，分為幾個類型，接下來我將一一說明。

1. 絕對剩餘價值

「勞動力的價值」就是「勞動者為了明天也能繼續執行同一工作所需之必要經費」，而這個必要經費必須是「社會一般認定的平均金額」。

若有人主張「我一定要吃最高級的牛排，否則明天就無法繼續工作」，這是說不通的。

換句話說，在同一個社會環境從事同一種工作的勞動力價值，有一定的金額。從事同一種工作的A與B兩人，為了明天也能繼續上班，他們需要的食物、生活用品等，基本上都差不多。

因此，為了生產「與勞動力價值等量的價值（勞動者的薪水）」所需之「必要勞動」時間，在同一個社會環境都已經決定好了。

但另一方面，生產「剩餘價值」的時間，則可能因為企業要求勞動者工作的時間而有所不同。

回頭看先前的例子，10公斤的棉線不如20公斤，20公斤不如30公斤，產量越多，剩餘價值就越多。讓勞動者工作的時間越長，剩餘價值就增加得越多。

只要剩餘勞動的時間增加，就絕對能獲得的盈利（剩餘價值），這稱為「絕對剩餘價值」。

據說工業革命後不久的英國，甚至曾經有過強迫勞動者一天工作19小時的案例。資本家為了收割「絕對剩餘價值」，會要求勞動者長時間地勞動。

此外，要求勞動者更集中精神在一定時間內增加工作量，這種剩餘價值也屬於「絕對剩餘價值」。

企業買下你「一天的勞動力」

大家要注意，即使企業苛薄使喚勞動者，也不算是不正當剝削。

在資本主義經濟下，商品的價格取決於「商品的價值」，而勞動力也是一種商品。換句話說，企業只要支付符合其「勞動力價值」的薪水給員工，一切就都是正當作為。

企業與勞動者約定，買下勞動者一天的勞動力，就有權利要求他工作一天。企業行使這個權力，按照「勞動力價值」支付相應的薪水，盡可能榨取勞動者的「絕對剩餘價值」，這樣的行為完全沒有問題。

從資本主義經濟的原則來看，「本該就是如此」。

即便現在與工業革命的時代不同，勞動法等相關法律已臻於完備，企業要求勞動者工作的時數也有明確且嚴格的上限規定，甚至還有限定每個月的加班時間、或是規定每日業務時間（最終下班時間）的企業。但這些不過是因為考慮到勞動者的人權，才用法律來加以規範。

若從「勞動力價值」的角度來說，企業購買了「要求勞動者工作一天的權利」，要他們工作幾個小時都是「可以」的。

「絕對剩餘價值」有其極限

企業既然買下你的「勞動力」，那麼它利用這個勞動力所獲得的盈利理應全部「屬於企業」。

但對我們勞動者來說，若主張我們自己產生的價值完全歸自己所有，這也是很「正當」的不是嗎？但事實並非如此。

例如，我們向「租車公司A」租用貨車一天，運送「B商社」的貨物。我們有一整天的時間利用這輛貨車。要接幾件工作，或是收多少酬勞，都是我們的自由。從這件工作取得的盈利，當然是屬於我們自己的。

如果租車公司A說：「你用這輛貨車賺了很多錢，應該要跟我分紅……」大家覺得呢？

我們已經買下這輛貨車一整天的使用權利，要利用它做什麼、賺多少錢，都是我們的自由。租車公司來要求分紅實在沒道理。

我在第一章說過，商品的價格不是取決於它的使用價值（該商品的助益／效用），而是取決於它的價值（製作該商品所付出的勞力／費用）。

同樣的，勞動力的價格，也就是薪水，並不是取決於使用價值（勞動者的工作成果如何），而是取決於價值（明天也能以勞動者的身分繼續工作的必要費用）。

這在資本主義經濟下，就是「正當」的事——只要支付符合勞動力價值的金錢，要叫勞動者一天做多少工作，都是企業的「自由」。

因為企業已經買下要求勞動者「工作一天的權利」，為了在這段時間盡可能地生產剩餘價值，它們便會苛薄使喚勞動者。

對企業來說，勞動者一整天工作得精疲力盡，就是「最好的狀態」。雖說企業各有不同的狀況，但這在資本主義經濟中，是必然會發生的事。

不過，強迫勞動者加重負擔、長時間勞動也還是有其限度。就算法律沒有規定勞動時間的上限，勞動者自身也有「人類的極限」。萬一超過極限，勞動者身心都累垮了，隔天就不能再工作了。

還有，若惹惱了勞動者，他們也很可能會團結起來鬧罷工。

所以，企業也不能把勞動者的剩餘價值榨乾。

企業追求的是盈利，但必須有限度。就算企業希望盈利越多越好，如果每天強迫勞動者工作23個小時，不用一星期，他們就都累垮了。

這就是絕對剩餘價值的極限。

生活費降低，勞動力的價值也會降低

那麼，企業是否就沒辦法再賺取更多盈利了嗎？
其實不然。還有其他可以增加剩餘價值的方法。
這就是第二種剩餘價值——相對剩餘價值。

2. 相對剩餘價值

先前說過，勞動時間分為必要勞動時間與剩餘勞動時間。

總勞動時間 ＝ 必要勞動時間 ＋ 剩餘勞動時間

假設總勞動時間是固定的，若必要勞動時間減少了，剩餘勞動時間就會增加——也就是剩餘價值的增加。

勞動者為自己工作賺取薪水的勞動是「必要勞動時間」，那麼減少這個時間是什麼意思呢？

一般來說，一個領域的勞動生產力提升，可以短時間生產一件商品時，這個「商品的價值」就會降低。因為製作不再那麼費事，「價值」就降低了。

所有商品都與人（勞動者）的生活息息相關。

因此，無論是什麼商品，若商品價值降低，就表示使用的人「勞動力價值（勞動力再生產成本）」也跟著降低。

例如，過去種植稻米或蔬菜需要多年的經驗和技術，實際栽種時，還要時時關心查看，好不容易才能收割。但隨著製造技術進步，這個生產過程已經大幅簡化，結果，稻米和蔬菜的「價值」就降低了。

只要「價值」降低，「價格」也會降低。

這麼一來，吃這些東西維生的人們，其生活費也跟著降低。因為「明天也能繼續同樣工作的必要費用（食費等生活費）」降低，他們的勞動力價值也就跟著減少了。

不過，就算某一戶農家賣的稻米和蔬菜價格下降，也不是馬上會反映在勞動力價值上。必須等到技術革新完全融入社會，物資行情整體降低了，勞動力價值才會下降。食物的價值（社會物資行情）下降，勞動者的食費開銷就會下降，勞動力價值也就跟著降低了。

優衣庫（UNIQLO）的問市，使得服飾價格的行情下跌，勞動力價值也跟著降低；電玩等娛樂商品的價值下跌，使得勞動者「紓解壓力的費用」降低，勞動力價值也跟著降低。

這些因素全部成立，勞動者的生活費變得更便宜，企業的人事費用也會降低。這與先前說明開發中國家的人事費用低廉是同樣的道理。

勞動力價值降低，薪水就會降低；薪水降低，「為自己賺取薪水的時間（必要勞動時間）」也會減少——這就是「必要勞動時間減少」的意思。

如果總勞動時間不變，相對的剩餘勞動時間就會增加，剩餘價值也就跟著增加。

這個結果就是「相對剩餘價值」。

企業生產的價值總量不變，勞動力價值下降，勞動者的薪水減少，相對的剩餘價值就會增加。

增加的部分就是「相對剩餘價值」。

然而，這個「相對剩餘價值」並非是各家企業計畫而為的「我們也來生產相對剩餘價值」。

這是社會上一般勞動者生活必需品的價值下降，造成勞動力價值降低的「結果」，因而產生相對剩餘價值。社會上各行各業的生產力提升後，各種商品的價值下降，這才產生了相對剩餘價值。

這不是企業有意為之，而是自然產生的「價值」。

企業競爭會產生「特別剩餘價值」

前述的「絕對剩餘價值」，可以依照企業的「意思」增加。

但是，勞動者也是人，長時間勞動、重勞動畢竟有其極限，企業想用這個方法賺取更多盈利，終究會走到盡頭。

從企業的角度來看，就像在「不完全燃燒」的狀態下結束。其實，不用讓勞動者長時間／重勞動，就能增加「相對剩餘價值」。

在資本主義經濟的結構中，所有企業都是以追求自家的盈利為目的，也都希望賺得「更多」。在這個過程中，必然會發生技術革新，商品會變得更低價。因此，相對剩餘價值是自然產生的。

單憑一家企業，就算有所意圖，也無法增加這個價值。結果，企業的「不完全燃燒狀態」還是沒有改變。

只不過，事情不會這樣就結束，在資本主義經濟下，企業會嘗試採用其他方法，使剩餘價值產生。

這就是第三種剩餘價值。

3. 特別剩餘價值

「特別剩餘價值」是什麼？有什麼「特別」的地方呢？

我再以棉線的例子來說明。

生產20公斤棉線，同業的公司平均要花8個小時。但A公司開發出獨家技術，只要4個小時能製造20公斤棉線、8個小時就能製造兩倍，也就是40公斤棉線。換言之，A公司能用更短的時間生產與「勞動力價值」同等的價值。

從勞動者的角度來看，要賺取自己「勞動力價值」的必要勞動時間就因此縮短了。總勞動時間不變的話，「必要勞動時間」縮短多少，「剩餘勞動時間」就會增加多少。

這裡增加的剩餘價值（盈利），就是「特別剩餘價值」。

雖然這感覺好像是把一件事情翻來覆去地講，但簡單來說，若能提高生產力，在同一時間內製造更多商品，那麼一件商品（1公斤棉線）對A公司的價值（個別價值），相較於同業其他公司的價值（社會價值）就會更小。

意思是生產一件商品所需的勞力變少了。

一般企業要花8小時生產20公斤棉線，平均1公斤要0.4小時。而開發出獨家技術的A公司，4小時就能生產20公斤，平均1公斤只要0.2小時。

而這個商品的價值，還是能得到社會一般認定。先前說過「一件工作只有自己必須花兩倍時間，也不會變成兩倍價值」。

獲得社會一般認定的「工作價值」並不是實際耗費的時間，而是一般人認為的「平均」行情。

因此，A公司生產的商品，與其他公司生產的商品都會被視為同等價值，並以同樣價格銷售。勞力、成本減少，售價卻不變——「社會價值」與「個別價值」的差額部分，就是它比其他企業多賺的部分。

這個差額，就叫「特別剩餘價值」。

在資本主義經濟中，企業競爭力的根源就是這個「特別剩餘價值」。各家公司也競相追求比其他公司更有效率、更低成本的生產方式。

大多數公司都參與了這種競爭。

然而，正是這種競爭，使企業陷入困境。

商品價值為什麼難逃下跌的宿命？

「特別剩餘價值」是當公司的生產效率優於其他公司時，就會自然產生的價值。

但是，資本主義經濟中的所有企業，都會致力於研究開發有利的生產技術，相互競爭。只要看到別人開發了新技術，就會群起仿效。

如果不申請專利，B公司、C公司也會紛紛引進A公司的技術，不用多久時間，這項技術就會擴散開來，整個社會都會擁有同樣的生產力。

本來「特別」的東西，變成了「社會平均」。

在資本主義經濟的環境，這種競爭是必然的，沒有人能夠阻擋。

A公司所生產出來的特別剩餘價值，也只是暫時的。絞盡腦汁發現的有利條件，一旦開發的方法或技術迅速普及，終將失去相對的優勢。

我們必須要一直超前，才有條件比別人賺更多錢。

我們要注意一點，「A公司的特別剩餘價值很快就會消失」，但於此同時，當A公司這個生產力特別高的技術普及後，就實現了「大家的技術一起升級」。

這樣乍看之下，似乎一切都很美好，但其實還有另外一個面向——生產力提升（商品的生產成本下降），製造商品的勞力減少，「商品的價值」也會跟著降低。

個別商品（例如輪胎或方向盤）的價值下降，利用這些商品做為原材料所生產出來的商品（例如汽車），其價值也會下降。

先前我說過，商品的價值是構成它的原材料的價值總和，在資本主義經濟下，即使我們什麼都沒做，商品的價值也會降低。

這不是專指某一種特定商品，資本主義的結構本身就是要「技術革新和成本縮減」，整個社會發生這樣的價值降低現象其實是很平常的事。

再創新的商品也會變成普通商品

我以電腦ＩＴ設備為例，大家會比較容易理解。

幾年前電腦的最新機種，價格大約在20萬圓左右的機型，現在即使是新品，可能也只值幾千圓了。

而幾年前到現在的這段時間，電腦的用途並沒有發生什麼巨變，無非就是上網、收發電子郵件、操作Word或Excel、Powerpoint……等等。

但是，以前覺得「花20萬圓很值得」的東西，現在卻覺得只要「花幾千圓就夠了」。也就是說，其「價值」已經下降到這種程度了。

自以為製作的是同一個商品，而且這個商品的使用方法、提供給消費者的功能也不變，卻因為同業競爭，原材料的價值下降，使得自己製作的商品價值也跟著下降。

三十年前，索尼（Sony）的隨身聽剛上市，造成社會廣大的回響和感動。然而，隨著這項技術的迅速普及，幾年後就變成「稀鬆平常的商品」。現在同樣機能的隨行音樂播放器只要幾千圓就買得到，原本的新技術變成了「普遍商品（到處都買得到，不再特別）」。

常有人說今天的「技術革新商品」，十年後就會變成「普遍商品」。不過，請不要誤解，「普遍商品」不是指大家看膩了、用慣了，而是製作這個商品已不再需要那麼多勞力。不是因為「消費者不再感覺新鮮」、「大家都在用」，「商品價值低下」才是重點。

最後的結果，社會整體的物資價值會因此下降。由各行各業掀起的技術革新，使得每個領域的商品價值都因此降低。而各種商品價值降低的結果，會發生以下的變化：

勞動者生活所需之物的價值下降
↓「勞動力價值」下降
↓「為自己賺取薪水的時間（必要勞動時間）」變少
↓換句話說，為企業勞動的時間就會增加

這就是資本主義經濟下勞動者必然的命運。

勞動者創造的「技術革新」為什麼會害慘自己？

我們對「技術革新」通常只看到它好的一面，並且認為它能夠改善國民（勞動者）的生活。

此外，我們還經常聽到「像蘋果電腦那樣創新的國內企業不夠多」、「創新才能拯救業績」等言論。

簡單來說，大家都認為這種技術革新是「絕對加分」的事。

然而，其實並不見得。伴隨技術革新的是勞動力價值的下降，而勞動者的薪水與勞動力價值連動。技術革新改善了勞動者的生活，但也降低了他們的生計成本、勞動力再生產的成本，連帶的連薪資水準也跟著下降。

「薪水降低，商品的價格也會降低，那就沒問題了。」

的確如此，但也有不同的看法會說：「商品價格雖然降低了，但自己的薪水也變少，根本沒有占到便宜。」

在資本主義經濟下，如果企業的盈利不提升，為之工作的勞動者也無法生存。企業提升盈利也是勞動者的必要課題。

為了提升更多盈利，勞動者還是要每天努力工作。很多時候，推動技術革新的並不是企業股東，而是在現場工作的勞動者。

然而諷刺的是，這些努力的結果，竟是削減自己的「勞動力價值」。

再怎麼努力，付出與所得也不會成正比

我曾聽過一個說法：

在熱帶雨林中，各種樹木為了生存，彼此競爭激烈，每一棵樹都為了比旁邊的樹得到更多陽光而拼命地向上生長。

但終究還是有被「影子」遮住的樹。這些被遮住的樹也想得到陽光，只好更努力地生長，與其他樹木看齊。其中長得最高的樹，就能獨占陽光。

由於所有樹木都這麼想，所以熱帶雨林裡的樹都長得非常高。

然而，當我們從上空俯瞰整片雨林時就會發現，得到陽光眷顧的只有那些生長在最頂端的樹葉。每棵樹一心一意地只想長高、只想到達頂端，但真正曬到太陽的卻是極少數的部份。

其實，更要緊的是所有樹木即使矮小，「都能得到一樣的陽光」。

無論是為獨占陽光而相互競爭，還是什麼都不想、停留在「最初」的高度，兩者「得到的陽光」都是一樣的。所以，熱帶雨林中樹木的競爭，根本是白費力氣……

熱帶雨林的生態，不也正像是在資本主義經濟下討生活的我們嗎？所有人都為了得到多一點陽光，想要「踩在別人頭上」。

我們就像熱帶雨林的樹木，最後得到的結果「與加入競爭前一模一樣」。這真的很諷刺。

不過，競爭前與競爭後的狀況，真的完全一樣嗎？

以熱帶雨林為例，每棵樹都在為獲得陽光一事而競爭，結果「得到的（陽光）」與競爭前並沒有什麼兩樣。

那有什麼改變了嗎？

有！與競爭前相比，那些樹的樹幹變得異常地長。

為了維持那麼長的樹幹，需要非常大的能量。

我們就像熱帶雨林的樹木，一心想要「爬得比別人高」，結果不但得到的「陽光」沒有變，為了競爭，耗費體力、氣力，還有時間。在與他人競爭的過程中，消磨自己的精力、承受壓力，弄得疲憊不堪。

結果，不只「得到的成果」還是一樣，失去的體力、氣力、時間也都無法挽回——這些都「平白」消耗光了。

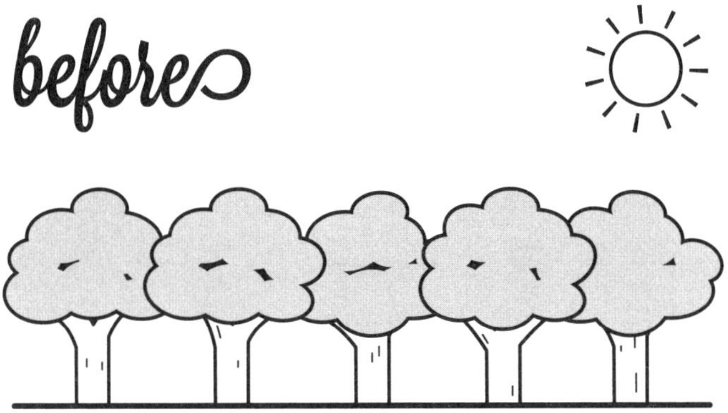

大家為了多得到一些陽光
爭相「向上」……？

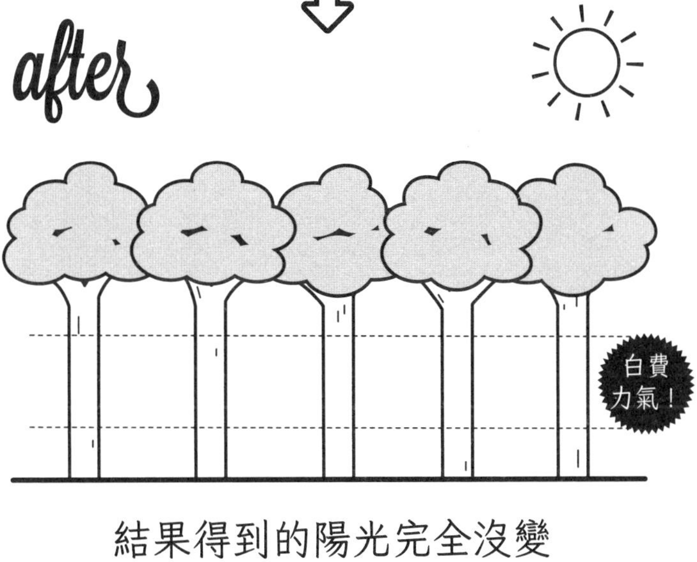

結果得到的陽光完全沒變

富爸爸
Point!

無謂地一心向上，
會消耗「更多的精力」！

不僅如此，一心想超越別人，還會使自己的情緒變得非常不穩定。

大家不妨想像一下，一個人心裡想的淨是「哪怕只有一點點，也要爬得比別人高」。由於長得太高，狀態會非常不穩定，只要稍微被人推一下，就會搖搖晃晃、失去平衡，弄不好還可能會倒下來。

與長得矮小但樹幹粗壯的樹木相比，瘦高的樹禁不起風雨，颱風一來就折斷了。同樣的道理，一心往上爬的人，遇到變化或混亂就會不知所措。

心裡只有向上爬，自然會忽略身邊的其他事物。好高騖遠、容易被人見縫插針，也可能遭受一點點挫折就一蹶不振。

資本主義經濟中的「囚犯困境」

資本主義裡「一心向上」的人，就像熱帶雨林的樹木，都在做無謂的努力（甚至背道而馳）。

其中也有人發現自己正在「白費功夫」。

但就算發現了，他們也停不下來。因為大家都在拼命向上，如果自己停下腳步，只怕遲早會被其他人的影子埋沒，再也見不到陽光。

「知道也停不下來」，我稱這種狀況為「經濟結構中的『囚犯困境』」。「囚犯困境」是個體經濟學的「賽局理論」中很有名的比喻。

我來簡單說明一下。

警察逮捕了A與B兩個小偷。由於兩人都不認罪，警察向他們提出了以下三個方案。兩人的偵訊是同一時間分別在兩個房間裡進行。

①當有一方認罪，而另一方緘默時，認罪者可以獲得釋放，而緘默者則判處監禁十年
②兩方都認罪時，則各判處監禁七年
③兩方都緘默時，則各判處監禁一年

以上警察的方案如左頁圖表所示。

在警察提出這三個方案之前，兩人都堅持不認罪。

換句話說，兩人都保持「緘默」。

由圖表可得知，對他們來說，「最好的選項」是「兩人都保持緘默」。因為如此一來，兩人的懲處合計是兩年，這是「團隊（全體）」的最佳選擇。

只不過，小偷A和小偷B各自的盤算不一定會落在「團隊的最佳選擇」。因為A、B會各自以「自己的利益為優先」。

不久後，一直保持緘默的A開始盤算：

「如果自己緘默，B也緘默，我們兩個都要關一年。但如果只有我認罪，就可以獲得釋放！」

然而B也不是傻瓜，直覺「A一定是打算自己認罪吧」。而且，如果A認罪，「我還在這裡緘默，結果只有我要被關十年！」

B必須要在「若自己緘默，要關十年」與「若自己也認罪，要關七年」之

	B 認罪	B 緘默
A 認罪	A 刑罰 7 年 B 刑罰 7 年	A 釋放 B 刑罰 10 年
A 緘默	A 刑罰 10 年 B 釋放	A 刑罰 1 年 B 刑罰 1 年

富爸爸

Point!

**當雙方都只考慮
自己的利益時，
就會陷入囚犯困境！**

間，做出選擇。

最後的結果是，「兩人都認罪」，各判刑七年。

從整體來看，兩人都保持緘默是「最佳選擇」。但只考慮自身利益的結果，反而會把彼此都拖下水。

這就是所謂的「囚犯困境」。

為什麼「爬得比別人高就輸了」？

資本主義經濟不也是這樣嗎？

如果熱帶雨林的大樹能達成「我們都不要再長高了」的共識，就不用再一直向上生長，可以把精力用到別的地方。

為了多吸收到陽光，可以改良「葉片」，或是從土地吸收陽光以外的營養，把向上生長的能量做更有效的運用。

人類社會也一樣。達到「一定高度」之後，停止繼續向上，在原地吸收陽光，有效利用養份，充實自己的生活，或許還能發現陽光之外的生命價值。

我不是說競爭不好。

如果沒有競爭，人類社會將停止進步，也不能實現如今的便利。

但是，成長和競爭本應有其目的，應該要針對目的「適度成長」、「適度競爭」。

「爬得比別人高」、「賺得比現在多」不該是唯一目的，若我們每一個人都能夠藉著適度的成長／競爭，做出「對全體最好的選擇」，那麼就有可能實現「各自喜歡的生活方式」與「全民幸福的社會」。

不顧一切向上，結果得到的陽光還是一樣。既然如此，不如看準「適切合宜的目標」，大家一起進步就好。

各自追求自己的利益，一心想「爬得比別人高」，最後不只全體，連自己也會「自食惡果」。

這正是名符其實的「囚犯困境」。

倉鼠滾輪與永無止盡的競爭

相互競爭、切磋琢磨就是資本主義經濟的精神，但換個角度想，我們之所以被迫「爬得比別人高」，也正是因為資本主義經濟——它本來就是這樣的結構。

我發現這個癥結點是在大學四年級的秋天。當時我已經結束就業活動，只剩下寫畢業論文和畢業旅行的時期。

「半年後我就要進入這種世界了嗎？」

這是我直接的感想。

當時我還不能客觀判斷「在資本主義經濟下，每個人都像熱帶雨林的大樹那樣，做無謂地競爭」，只是單純地焦慮「出了社會，我就必須要堅持下去……」心情非常沉重。

那時我正在讀《富爸爸，窮爸爸》，書中一直提到「勞動者無法擺脫倉鼠滾輪」這件事。

「倉鼠滾輪」說的是我們像倉鼠一樣，在滾輪玩具裡一直跑個不停卻絲毫沒有前進。

「再怎麼拼命奔跑，還是停留在原地」，我看到這個說法，再加上「長得再高，得到的陽光還是一樣的熱帶雨林」，還有「囚犯困境」的比喻，沉重的心情難以言表。

之後在大學畢業典禮後的晚會上，播放了我們的校友——前首相橋本龍太郎的錄影談話，他對我們說：「再過一星期，你們就要進入地獄！」我的心情就更加灰暗了。

但與此同時，我開始思考「在這樣的資本主義經濟下，我身為勞動者，該怎麼做才好」、「每天應該如何行動」這些問題。

雖說「應該停止無謂地向上」，但這也只是理想，而無法靠一己之力去改變社會。

我必須知道單憑自己的力量就能實現擺脫倉鼠滾輪的具體辦法。

對此，《富爸爸，窮爸爸》已經做出結論：「所以要創造被動所得！」

（投資不動產或股票）。只是這對當時的我來說，還是個脫離現實的話題。

於是，我從自己周遭探尋比較實際的解決方法。

我能想到的是：「如何不耗費勞力來賺取高薪？」

接下來的第三章，我們要聚焦在上班族如何實踐「提高薪水」這件事上。

不過，我並不是要教大家該怎麼挑選公司、該怎麼交涉跳槽或怎麼了解各大企業的人事制度。

我們要藉著深入探討資本主義經濟的本質，思考能夠實踐、符合現實的具體方法。

第三章

如何才能躋身「高薪」勝組？

不被捲入「倉鼠滾輪」的祕訣

因為資本主義經濟的結構，我們被迫加入無謂的競爭，就像熱帶雨林的大樹不顧一切地「向上」生長。

如果我們什麼都不想，只是茫茫然地待在企業上班，那麼每個人都有機會陷入這個「倉鼠滾輪」。

但是，要達到《富爸爸，窮爸爸》中富爸爸那樣隨心所欲的境界談何容易。當時我讀到作者建議「要想辦法擁有不動產、創造被動收入」時，覺得那一點都不實際。我沒有那樣的經濟能力，也不懂怎麼經營公寓或大樓。

從未有商務經驗的我，突然說要創造「被動收入」，根本是天方夜譚。我還是要從上班族開始做起，但又不想捲入倉鼠滾輪，也不可能選擇放棄一切競爭，到深山過清靜日子。

我能想到的只有「如何高價賣出自己」？

怎樣才能不捲入倉鼠滾輪，懷抱著「目標」為自己打拼？

當然，我們無法馬上得到答案，但回頭想想，終究要面對這個問題：

「勞動力這個商品」要怎麼高價賣出去？

這個提問應該就是接近答案的關鍵。

勞動力也是「商品」，它的價格（薪水）制定與一般商品定價是一樣的道理。在這一章，我會把商品價格的結構再做整理，從「高價賣出商品不可或缺的要素」出發，幫助你思考「獲取高薪的方法」。

用獨家技術製造的商品為什麼賣不出去？

「我知道這個商品的製作過程可能很辛苦，但是我並不需要它，所以不想買。」

我們都曾經看過這樣的商品，也就是「有價值，但沒有使用價值的商品」。

例如，我看到「精緻雕刻的木製擺飾」或是「情人節推出的離譜高價巧克力」之類的商品，就有這種感覺。

「這麼精細的雕刻，想必花了很長時間去製作，的確很費手工」，耗費勞力＝有價值，這一點我是認同的。但是，我並不是特別喜歡木雕作品，也不想買回家擺放。

對每年二月上旬市面上總會推出的「豪華巧克力」，我也是一樣的感覺。這些商品的確使用高級材料，製作過程也很耗時費工，但我還是覺得便利商店一個１００圓的平板巧克力比較好吃。

對我來說，這些都是沒有「使用價值（助益／功能）」的商品。

因為費工所以有價值（但卻沒有使用價值），就不一定是眾望所歸的商品——現實中有很多像「精美木雕」或「情人節巧克力」這樣的商品。

例如，有些公司開發的新商品，是運用了長年研究的獨家技術。「花了這麼長的時間研究」、「這是我們公司的獨家巧思」等，都是常見的老話。

「長年累積起來的成果」代表投入了相當的勞力，也就是有著巨大的「價值」，也因此這些公司容易以為「我們都這麼努力了，顧客一定會買」。

然而，他們卻沒有考慮到「使用價值」。

製作商品的人，或許覺得自己是利用了獨家的專門技術，但如果顧客對這個商品感覺不到「使用價值」，便完全沒有意義。

顧客在購買商品時，並不會考慮「生產者很努力」、「這是有人辛苦做出來的」，他們只會在意這個東西「對自己有沒有用」而已。

無視商品對顧客的使用價值，只憑自己的想法去製作商品，怎麼可能會得到顧客的認同呢？

需求一旦減少，價格就會下降。

「暴利商品」為什麼還是有人會買？

沒有「使用價值」，商品就無法以高價賣出，這是許多人的認知。但是，就算有「使用價值」，商品也賣不到好價錢，這就讓人匪夷所思了。

例如，我們都曾經感覺「某個商品真是暴利啊」。

不過，大家有沒有想過，為什麼會是「暴利」呢？

暴利商品並不只是價格昂貴而已。

光看「10萬圓」，這算是一筆「大錢」。但一輛汽車賣10萬圓，不會有人覺得它是「暴利」吧，反而會覺得「這麼便宜沒問題嗎？開得動嗎？」。

再舉一個例子，觀光景點的自動販賣機，一瓶果汁賣300圓，我們就會覺得這「真是暴利」。

換句話說，我們之所以感覺某個商品是「暴利」，並不是憑著價格的絕對值，而是因為「相較於商品內容的價格太貴了」。

但是，這裡會產生一個疑問。

倘若是「相較於商品內容的價格太貴」，應該沒有人會買才對。既然沒有人買，再怎麼「暴利」，那些公司也還是賺不到錢（這裡指的不是到「敲竹槓酒店」那種、被人蒙在鼓裡的消費，而是事先知道價格昂貴也願意購買的情況）。

為什麼市面上會有那麼多「暴利商品」存在呢？

這就要從商品的「價值」與「使用價值」說起了。

暴利商品之所以存在，當然是因為確實有人會買。那麼為什麼有人願意買？應該是因為即使是那麼貴的價錢，他們也想買的緣故。

換句話說，因為有超乎價格的「使用價值（助益）」，所以消費者才會購買它。他們在買與不買之間，選擇了「買」，卻同時覺得這是「暴利」。

這是為什麼？

因為商品沒有「價值」。價格比價值高，也就是商品的製作過程並沒有耗費那麼多勞力，消費者才會覺得價格太高。

例如，整整三天沒水喝的人，這時如果有一杯水，便要謝天謝地了。他願意以1萬圓、10萬圓，甚至100萬圓，換一杯水來喝。

但實際上若有一個人從家裡的水龍頭取來一杯水，說要「賣100萬圓」，大家會怎麼看？

一定會覺得這是「暴利」吧。

「一杯水＝100萬圓的暴利」。

我再舉一個例子。

同樣是一杯水以100萬圓賣給一個三天沒水喝的人。但是，買水和賣水的人都身陷於撒哈拉沙漠，沒有交通工具可以離開。

賣水的人必須找到綠洲，用自己的水壺裝水，再走回來賣給另一人。

這樣你還會覺得「一杯水100萬圓」是暴利嗎？

我想你應該不會再這麼覺得了。

同樣的一杯水，為什麼從水龍頭取的就是暴利，到綠洲取的就不是暴利呢？

那是因為取得「一杯水」所花費的勞力不同，也就是「這杯水的價值」不同。

這就是暴利商品的結構。

有「使用價值」，所以購買。但是沒有「價值」，所以覺得太貴。

商品有「價值」卻沒有「使用價值」

木雕作品

豪華巧克力

商品有「使用價值」卻沒有「價值」

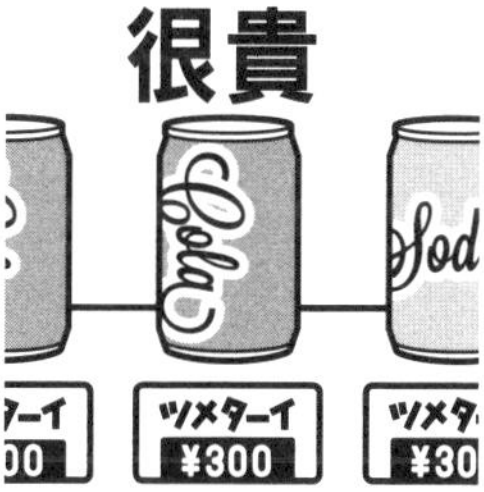

觀光景點的果汁

尼龍材質的名牌包

富爸爸

Point!

沒有「使用價值」就賣不出去！
沒有「價值」就是「暴利」!!

這就是「暴利」。

商品不能只有「使用價值」，還要有「價值」

「暴利商品」或許短期間可以大賣，但購買者不一定是打從心裡接受這個價格。

畢竟人不是只要有「使用價值」就願意掏錢購買。

在銷售商品時，銷售者經常會說「要考慮顧客的便利性（＝使用價值）」，然而，光是這樣還不能讓顧客樂意買單。

「暴利商品」的確提供顧客便利性，所以他們願意購買。但由於並非是真心地接納這個價格，顧客心裡想的是「如果可以選擇的話，我寧願買別的」。

要讓顧客掏錢購買，還必須有其他要素。

那就是「價值」。

商品一定要有相應的「價值」。唯有購買者認同這個商品所耗費的勞力，他們才願意付出這樣的金額。

「商品不僅要有使用價值，也必須要有價值」，這是非常重要的觀念。

我們不願意花大錢購買像「木雕作品」這種有價值卻沒有使用價值的商品，「對消費者來說，派不上用場（沒有使用價值）就賣不出去」，相信大家都能馬上理解。

不過，也正因為如此，我們很容易以為「只要有使用價值，商品就賣得出去」。但這又是錯的。

因為我們都沒有正視商品的「價值」。

「暢銷商品」為什麼也要打折？

並不是只要商品有「使用價值」我們就願意掏錢購買。

就拿書店裡的紙本書與近來引發討論的電子書定價做個比較，你就能理解箇中關鍵了。

書，是藉由文章向讀者傳遞「資訊」的商品。

或許有人喜歡「書本」這個物品，勝過書中的內容，但一般來說，讀者付錢購買的不是「一疊紙張」，而是裡面所刊載的「資訊」。

因此，沒有人會說「我想要這種形狀、厚度、手感的書」，而是「我想買這種內容（資訊）的書」。

或許有讀者覺得我這是在說「廢話」，但這裡面卻有件神奇的事情。

一樣的內容，電子書的價格必須比紙本書便宜，否則就賣不出去。

例如，紙本賣1500圓的書，電子書的定價卻打了8折，這樣的情形很常見。老少咸宜的暢銷書《漫畫 你想活出怎樣的人生》（漫画 君たちはどう生きるか），紙本書是1300圓，而電子書則是1020圓。

出版社其實也希望電子書的價格可以訂得高一點，最好是與紙本書統一價格，但讀者就是覺得比較不划算，不肯買。

大家可以想想自己是否也有這樣的經驗。

紙本書和電子書賣同一個價錢，你覺得那是「暴利」嗎？

讀者會覺得不划算的最大理由，就是電子書「沒有用紙」。

簡單說，因為這件商品的製作費用比較少，價格就應該更便宜。

這就是以「價值」在判斷這件商品。

讀者付錢買的不是「一疊紙張」，應該是書中寫的「資訊（使用價值）」——這一點我想大家都同意。但即便「書中的資訊」一樣，讀者卻不願意付一樣的錢購買價值較低的電子書。

這樣大家應該可以感受到「商品不僅要有使用價值，也必須要有價值」的道理。

勞動力也不能只有「使用價值」

接下來的內容很重要。

所謂「不能只有使用價值，價值也必不可缺」，這個原則當然也包含勞動力這個商品。

這是非常重要的認知。

勞動力的「使用價值」應該很好理解。

所謂勞動力的使用價值，就是使用這個勞動力所能獲得的好處。使用勞動力的是企業，它對企業的助益／好處，就是能「產生盈利」。

這就是勞動力的使用價值。

若勞動者的使用價值高，也就是能藉由工作為公司產生巨大盈利，「這小子很厲害喔」，企業方的「需求」就會增加，勞動者便有機會要求高薪。

「努力打拼」或「吃盡苦頭」這些都不重要。就像我不會花大錢購買「木雕作品」或「豪華巧克力」，企業也不會花高薪雇用「沒有使用價值的勞動者」。

最重要的當然就是「成果，或盈利（使用價值）」。

要提升勞動力的使用價值（企業視角的助益），例如增加比平常多一・五倍的工作量，就可以提升一・五倍成果，這便是所謂的「加班」。

或者，勞動者也可以努力達成業績目標。

如此一來，企業就會發給大家「加班費」和「業績獎金」，勞動者可以因此多領到一些錢。

許多人為了追求「高薪」，因而長時間勞動、犧牲假日。拼業績確實很重要，我不否認這一點。

但是，以下才是重點。

請回想一下我在第一章的說明。

薪水，是取決於「勞動力的價值」。

然後才是根據「需求與供給的關係」——優秀的人薪水比「基準」多一些；評價低的人，領得比「基準」少一些。

換句話說，我們再一次確認：薪水的基礎並不是「使用價值」，而是取決於「價值」。

既是如此，我們勞動者首先要具備高價值，而非高使用價值。

這個順序不能錯。

許多人拼命努力地提升自己的「使用價值」，但其實在這之前，你有更應該做的事。

還記得「暴利商品」嗎？暴利商品有很高的使用價值，但由於價值低，顧客其實不是心甘情願也付出高價購買它。

「勞動力」這個商品也是一樣的道理。

勞動力必須要有相應的「價值」——勞動力也必須有一定的努力，讓購買者（企業）認同，願意付出那樣的「價格（薪水）」。

許多人為了爭取加薪，「拼命衝業績（提高使用價值）」，但其實在資本主義社會中，提升「價值」才是勞動者應該要最優先考慮的事。

「使用價值」的提升要排在「價值」後面。

每天全力以赴的工作方式有什麼問題？

比起「勞動力的使用價值」，你應該要優先提升自己的「勞動力的價值」，這麼做是有理由的。

因為單靠使用價值爭取的加薪「只限那麼一次」。例如年底獲得社長獎的獎金，無論你再怎麼高興，隔年又還是會繼續領原本的薪水。

靠「使用價值」爭取獎金，就像是每天都瞄準著「最高處」，奮力向上跳躍那樣。

如果真的每天都用盡全力向上跳躍，總有一天可以碰觸到最高處。但就算摸到了，也僅限於「那一天」。隔天還是得從起點開始跳。

雖然覺得「很辛苦」，但是向上跳，就能摸到高處，心裡還是會感覺「一切都很順利」。

許多上班族都有這種誤解，從未想過要改善自己的「工作方式」。

只要達到業績，你的考績上就會有好的評價，也能提升公司對自己的「需求」。這的確有助於加薪。

然而，藉著改變這種「需求與供給的關係」，對薪水的影響也只是一小部分。因為勞動力的價值並沒有改變，就算有，也只是以「附加價值」反映在薪水上。

我一再強調，薪水的基準金額是取決於「勞動力的價值」。如果勞動力的價值不變，薪水的基準金額也不會變。

而勞動力的價值，只能靠「累積實力」來改變。

勞動力的價值就是「勞動力再生產所必要的物質總和」，還記得勞動力價值包含「為獲得執行這項工作的能力所花費的勞力」嗎？

為了從事更高端的工作所花費的努力，是可以認定為「勞動力價值」的。

就算你每個月拼命達成業績目標，如果不能將達成業績目標這件事「累積成實力」，你的勞動力價值是不會上升的。

富爸爸

Point!

的確沒錯，
只要全力跳躍就能碰到高處

我認識一位證券業務員，他每個月都要衝業績，若稍有落後，就要犧牲周末去拜訪客戶。最近他總算是達成業績目標，但他卻絲毫不覺得「自己累積了什麼實力」。

每天只是反覆地花時間到處奔走、向人低頭，只求簽到合約。

「無論如何都要達成目標」的確可以培養出勇氣和不屈不撓的韌性，但是，這不過是在公司巨大壓力下不得已而為之，與學習新知識或新技術等充實自我的本質不同。

以我這位朋友的例子來說，如果沒有來自公司的壓力，他談成的合約件數可能會一落千丈。

更糟的是，採用「必要經費制」薪資體系的企業，對於這種「努力」、「勇氣」、「韌性」多少會給予評價。

曾經有一句電視廣告的文案說：「你能戰鬥24小時嗎？」這句話的另一個意思是：「長時間勞動是理所當然的！」

這就是社會以往的風氣。

過去也曾有憑著穿壞幾雙鞋作為評斷「優良業務員」的基準，「穿壞鞋子」是指「實際奔走」，也就是四處拜訪客戶、跑業務的象徵。

在這樣努力之下，若是業績有所成長，也不是壞事，那些達成的業績也確實能提升自我評價。

但問題是，在以「必要經費制」給付薪資的企業，業績只是勞動者的「附加價值」而已——在實際的回報上，只是附加價值發揮了一點影響，讓你獲得口頭上的誇獎或表揚。但這卻會引起很大的誤解。

獲得誇獎的員工會以為「這就是提升自己的評價，邁向加薪的『正確方法』」，於是又更加把勁地重複一樣的努力。

贏得表揚很重要。就算沒有加薪，還是證明了自己的努力有價值，也算是一條「正確的路」。

不過，我所說的問題是「勞動者誤以為這是正確的努力方法」。

再怎麼加班，也不會讓你變有錢！

我們不要忽略了每天全力衝刺下追加而來的薪水，並非基於——

「你有多疲勞」

「你為此犧牲了多少快樂」

「你加班多少次做出來的成果」

這筆追加的錢其實是——

「只夠補貼為了多付出而消耗的體力直到再生產時所需要的必要經費」。

舉例來說，假設你加班了3小時。這讓你比平常還要累，而且又犧牲了私人時間。為了恢復「多花3小時」消耗的體力，你需要「多睡30分鐘」。

而你加班所得的薪水，只是「相當於這30分鐘的金額」而已。

再者，加班還害你去不成期待已久的聚餐。你的心情一定很嘔。但是回家後你可能兩罐啤酒下肚、睡個覺，這些不滿就一掃而空了。隔天還是照常去上班。

為了加班而犧牲「期待已久的聚餐」，以對價關係來看，那些增加的薪水就等同於「兩罐啤酒的價錢」。

這就是「加班費」的真相。

再假設，你對客戶鍥而不捨，終於成功多賣出一批商品，幫公司的盈利追加了1000萬圓。

但是，這部分的勞動所贏得的薪水其實與你「產生的盈利」無關，甚至與你這次加班所耗費的身心疲勞都沒有直接關係。

付出的勞力再大，「勞動力的再生產成本」並沒有提高多少，所以這次勞動所得到的薪水也增加得不多。

你為了爭取加薪而「全力跳躍」，然而辛苦的結果，卻是得到的報酬遠遠比不上自己生產的盈利，也比自己所付出的努力還要少……

只要你還維持這樣的「工作方式」，就注定沒有好日子可過。

不懂提升「勞動力價值」就只能做到死

企業對勞動者的工作成果施予報酬，說穿了就是為了應付勞動者的情緒，因此報酬不會太多，也不會太少。

利用勞動力的「使用價值」工作賺錢，就算一帆風順、達成好業績，企業支付的錢也不是針對你的工作成果，而是為了你達成工作成果所耗費的體力、精神「得以恢復的費用」。

若想再次達成業績，你就必須再一次全力跳躍。

「我受不了了，我要跳槽！」

但是，跳槽也一樣。

這不是個別企業的人事制度有問題。

「如果景氣變好，這個情況會有所改變吧？」

不會，無論景氣好或壞，勞動者的薪水都是基於這種考量而制定的。

這就是資本主義的結構，資本主義經濟就是這樣！

過去我在求職人力公司上班時，曾聽到同事說：「這一季無論如何都要拿到S來爭取加薪。這可能必須加班才行，但不拼一點的話，日子很難過啊！」

他說的是業績考核，「S」是指個人業績的級別。

工作業績達到標準的人，可以得到「A」，差一點的是「B」，往下還有「C」到「F」。

相反的，比「A」還高的等級是S、SS，以及SSS。

同事說：「想要加薪，就要拿到『S』以上才行。」換句話說，為了錢，他打算更「努力」一點。

但是，在求職人力公司要拿到「A」以上的評價已經很困難了，能達到這樣的評價代表你非常優秀，只不過，這個評價當然不能「平白」得到，而是必須付出了相應的犧牲。

不追求自己實力的提升，把時間和勞力花在追求考績評價的人，就要保持每天都「全力跳躍」的狀態。

不改變「勞動力的價值」，就只好每一天花時間、體力和精神衝業績，用

「勞動力的使用價值」來賺錢。

一旦停止「跳躍」，你的評價會瞬間下滑，薪水也會跟著降低。

「就算一天只能跳一次，只要努力不懈，總會有收穫吧？」

可能也有人會這麼想。

的確，比別人工作得久、花更多時間，總能多得到一些回饋。雖說「一天只能跳一次」，或許不會回到原點，多少能因此累積一點「實力」。

許多人相信「堅持下去，總有一天會有所成就」，因此願意忍受日復一日的沉重勞動。

但是，我們不該指望「可能」，而是必須在了解這個體系結構的前提下，帶著信心，還有企圖心去執行工作。

許多人都會想要「提高勞動力的使用價值」（為了達成業績，超時工作、賺取加班費、全心全意工作，總有一天，一定會成長），卻幾乎沒有人明確地意識到「要提升勞動力價值」。

不了解資本主義的結構，只是每天靠著自己「勞動力的使用價值」在打拼的人何其多……

難怪勞動者會疲態盡現！

擺脫辛苦又徒勞的工作方式！

在沒有發生任何意外、疾病或災難時，許多人都不曾認真思考過「工作是什麼」這個問題。

或許剛出社會在參與就業活動時會思考一下，但那也只是思考「自己適合什麼職業」或「哪家公司比較好」之類的問題，至於「勞動的本質是什麼」，恐怕多數人是連想都沒想過吧。

一旦出了社會，莫名其妙就被捲入了倉鼠滾輪之中，停不下來，再也沒有多餘的精神和時間去思考這些問題了。

人們心裡只記得企業和經營者、主管們諄諄提醒的「追求成長」，卻從來不曾關心過這背後的結構和機制——我們根本不了解自己生存的世界，其

「真面目」究竟是什麼樣子，這與電影《駭客任務》世界裡的住民是一樣的狀態[1]。

我們每天拼命地工作，心中隱約疑惑著：「為什麼我要這樣辛苦地工作？」或者：「我這樣傻傻地工作，到底要追求什麼？」但卻還是茫然地過著沒有答案的每一天。甚至還有許多因過勞而生病的人、身心受創的人……不，現在這種人應該到處都是。

「為什麼要這麼辛苦地工作？」對於這個問題，有人會回答：「這是為了將來的好日子做準備。」

但是，這些人的將來，還是依舊在辛苦地工作。

而且，感到「辛苦」的人，為了脫離辛苦，只能更辛苦地工作。這就是「倉鼠滾輪」。

他們不是不夠努力，而是「努力錯了」！

看到這裡，大家已經知道這個世界的「真相」。

再回顧自己的人生，或許已經察覺到自己過去的勞力是花費在錯誤的方向。現在總算理解為什麼自己這麼辛苦了。

生活的確很艱難，但這就是現實。我們就住在這樣的世界。

不過，還是有辦法的。

既然已經知道這個世界的「真相」，為了生活得更好，我們可以改變自己的工作方式／生活方式。

你要假裝什麼都不懂，繼續每天全力跳躍嗎？

還是像我一樣，找到「新的工作方式／新的人生」呢？

1 《駭客任務》是描寫一個受電腦支配的世界，電腦對著人腦傳送信號，讓他們活在「夢裡」。還沒看過這部電影的讀者，我非常推薦各位觀賞。

第四章

年薪百萬的你只剩下「幹不完的活」！

「盈利」比「銷售」更重要

從第一章到第三章，我花了三章的篇幅來說明：

「薪水的本質」
「資本主義經濟的結構／機制」
「在資本主義經濟中討生活的勞動者必然的命運」
「爭取高薪的條件」

理解了這些道理後，從本章開始，我將具體說明「我們勞動者應該如何工作、如何生活」這個大家最想知道的問題。

首先，我們再來談談「盈利」這件事。

在商業上，企業應該要努力的目標，最優先的一定是「盈利」，絕不會是

「銷售」。

銷售固然重要，但無論銷售數字提升了多少，若付出超過銷售的費用（成本），營收就會變成赤字。對以營利為目的的企業來說，「赤字＝沒有達成目標」。

一直出現赤字，公司遲早要倒閉。

當然，雖然大部分企業也有營利以外的目的，例如：「希望能提供改善社會的商品」或「一切都是為了消費者的福祉」，但不在乎能否賺錢的企業是絕對不存在的。

商業的目的就是為了提升「盈利」。

有盈利，企業才得以存續，也才能繼續貢獻社會。對企業來說，若不能提升盈利，就毫無存在的意義。

盈利的方程式

計算盈利的「盈利方程式」非常單純。

盈利方程式
銷售－費用＝盈利

若想增加盈利只有兩個方法：

①增加銷售
②減少費用

例如，假設銷售額10萬，費用也是10萬，盈利就是「10萬－10萬＝0」。
如果銷售額增加到15萬，盈利就是「15萬－10萬＝5萬」；或者費用減少

5萬，盈利就變成「10萬－5萬＝5萬」。

實際上，企業通常不會只採用一種方法，而是會用兩種方法併行來增加盈利。

我認為，不僅企業，個人也可以用同樣的思維來考慮這一點。

換句話說，個人也要「重視盈利」，而且也只能靠「增加銷售」或是「減少費用」來增加盈利。

如果只看工作相關事項，個人的「年薪／升遷帶來的滿足感」就相當於企業的「銷售」。

年薪增加，可以想買什麼就買什麼、想吃什麼就吃什麼，還可以出國旅遊，提升滿足感；也有人特別喜歡看到存款金額一直增加。

還有，職位高升、受旁人尊敬、工作規模擴大，可以獲得高度的滿足感，特別是男性的事業心都比較重。

對個人來說，這些就相當於「銷售」。

當然，我這樣的說法，可能會有人想反駁。

參與社會，藉著「成長」達到自我實現，藉著自己的工作貢獻社會等，除了賺錢和升遷以外，許多人還懷抱更遠大的理想。

但這是非常個人主觀、內心的想法，情況因人而異。這裡僅是以企業會計上的「形式」來考慮。

如果年薪成長，「自我內在盈利」也會增加嗎？

接下來，我們來看看個人有哪些因素是相當於企業的「費用」，也就是要達到現在的年薪或職位所花費的「必要經費」。具體的內容是「為了這個工作，你在肉體上／時間上所花費的勞力及精神上的痛苦」。

我們為了隔天還能繼續工作，必須恢復當天所消耗的體力，還要紓解工作上承受的壓力（否則沒辦法長時間工作）。

「必要經費」正確地說，應該是「為了恢復執行這項工作所耗費的體力所需之費用」。只不過，「為這項工作已花費的（失去的）」與「為恢復已花費的而必要的」兩者應該要「同額」。

因此，我在這裡直接將「已花費的」稱為「必要經費」。

例如，年薪500萬圓的人，要變成年薪700萬圓，需要付出相當的努力。這時所花費的勞力和時間就是「費用」。

接著很重要的一點是，「從年薪／升遷獲得的滿足感」減去「必要費用」，在企業來說就是「盈利」，在個人來說則稱為「自我內在盈利」。

所以，自我內在盈利要怎麼算出來呢？

沒錯，就是用計算企業「盈利」的那個方程式。

自我內在盈利

年薪／升遷獲得的滿足感－必要經費（在肉體上／時間上花費的勞力與精神上的痛苦）＝**自我內在盈利**

為了獲得高年薪或升遷而拼命工作，但若最終這個「自我內在盈利」不是正值，一切就沒有意義。

個人應該要追求可以增加「自我內在盈利」的工作方式。

「你想要得到100萬圓嗎？」相信大部分的人都會回答「YES」吧。但是如果說：「給你100萬，你要當一年的奴隸……」要怎麼辦呢？

當然是回答「NO」吧。

因為比起100萬圓（銷售），「當一年奴隸」的費用要高得多了。如此一來，「自我內在盈利」就會變成虧損的了。

以這個例子來說，任誰都會考慮「自我內在盈利」，拒絕這個提議。但是，人們卻不見得時時會惦記著「自我內在盈利」。

舉例來說，假設有一個人從事重勞動，目標是年薪1000萬圓。

年薪1000萬圓的工作想必相當繁重，責任也很重大。對這樣繁重的工作來說，若是能輕鬆勝任的超人／女超人，自然沒有什麼問題，但是，沒有這種能力、只看「年薪1000萬圓」就飛身投入該工作的人呢？

盈利方程式

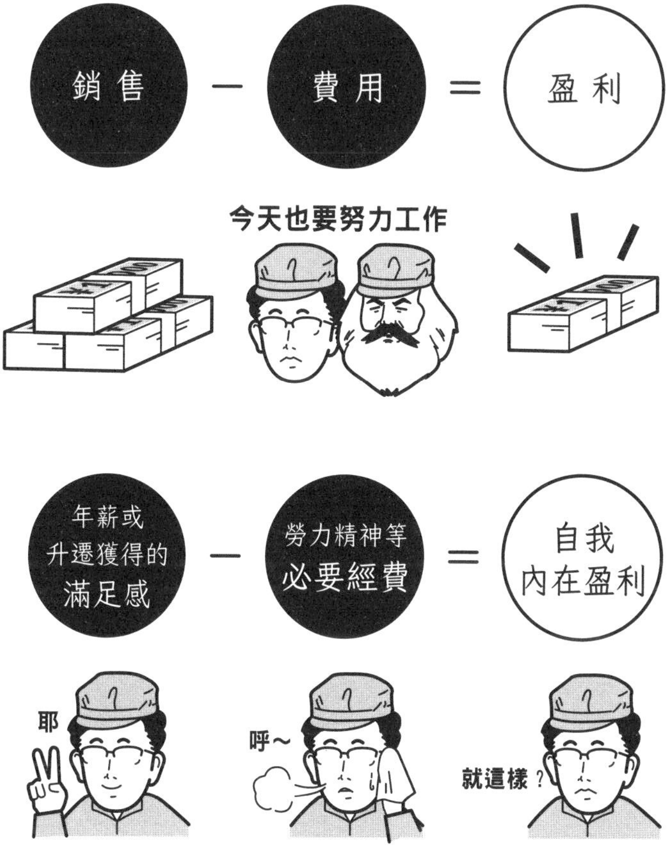

富爸爸

Point!

企業和個人的
「盈利」算法是一樣的！

當你聽到有人說：「有一個年薪1000萬圓的工作，你要不要做？」難道不會心動嗎？

但是，如果沒有經過深思熟慮，你千萬不要貿然說「YES」。

為了得到這1000萬圓，必須要付出多少費用？你必須事先想清楚。

當然，心裡有目標，朝著目標努力前進非常重要。但是，為了年薪1000萬圓的工作累壞身體，精神上還要承受極大的壓力，甚至可能連正常生活都會出現問題。

人生只剩下工作，每天生活在工作的空檔縫隙中，最後落得妻離子散的例子也時有所聞。

我就認識好幾個這樣的人。

他們總是很疲累的樣子。為了掩飾辛勞，事事針對別人、強調自己的工作意義非凡、合理化一切，強迫別人配合自己等。

其實，他們自己也很辛苦。

停止「讓自我內在盈利變成赤字」的工作方式

假設企業銷售了1000萬圓，卻支出1500萬圓的費用，就變成「500萬圓赤字」。扣掉先行投資的部分，當企業意識到「這是一筆虧損的無意義交易」之後，一定會馬上終止該項目。

大家應該都懂得這個道理。

既然如此，在個人的收支上，如果最後會變成「赤字」，不也應該視為無意義嗎？

人生在世，追求「向上」固然重要，只是，這個「向上」在企業來說，追求的應該是「盈利而非銷售」。「銷售成長了兩倍，但收支卻因此變成赤字」豈不是毫無意義。

個人的工作也是一樣的道理。

我們應該要為盈利而努力，而不是銷售。

「我希望能在企業或社會獲得好評，年薪得以增加！」
「我想好好打拼，爭取責任更大、工作價值更高的職位！」

有這樣的想法很好，我完全贊成。

但是，如果為了這個目標，弄得「累壞身體」、「每天只有工作，毫無生活品質」、「其他想做的事、該做的事都因此做不成」，甚至「妻離子散」，那就是本末倒置了。

近年來，「不想當主管」、「拒絕升遷」的人越來越多。每當媒體上報導這類市調數據時，也一定有人會批評「世道變了」、「不像話」、「不負責任」等。

但真的是這樣嗎？

如果成為主管的結果或升遷的結果，是在削減「自我內在盈利」，甚至造成虧損，那麼維持「現狀」才是合理的判斷。

若「自我內在盈利」不是正值，或者不能增加，那麼再怎麼工作賺錢，再怎麼追求成就感，都沒有意義。

大家一定要明白這一點。

為了達成目標，離「損益平衡點」越來越遠……

「那麼，增加自我內在盈利就好了嘛。那就增加銷售、減少費用啊……」

你可能會這麼想，但事情並沒有這麼簡單。

先前我的確說過要增加盈利，就只有兩條路：

①增加銷售
②減少費用

企業會讓這兩者同時進行。

當然，這麼做是對的，但實際的商業行為又稍微複雜了一點，我有必要為此補充說明。

銷售與費用是互有關連的，想要增加銷售，連帶的費用也會增加。反過來說，若減少費用，銷售也可能一起減少。

雖說要「增加銷售、減少費用」，實際上卻不是那麼單純。

更重要的是，想要增加銷售，費用也會跟著增加，「離損益平衡點就會越來越遠」。

這是什麼意思呢？

為了增加銷售，自然會覺得「那就增加啊」，但不能只是這麼想，要增加銷售，必須「有策略」，而策略通常也必須花費成本。

增加銷售，成本也會增加。

舉例來說，市面上某個商品的單價是1萬圓，目前的總成本是100萬圓。

這時的「損益平衡點」，也就是銷售件數，是100個。

現在為了要賣出更多商品，公司決定推出廣告。廣告費是50萬圓。如此一

富爸爸 Point!

想要增加銷售額，費用也會跟著增加，離「損益平衡點」就越來越遠！

來，總成本就增加到１５０萬圓——為了回收成本，必須賣出１５０個才行。

推出廣告後，商品的銷售數字的確增加了，但是，「損益平衡點」也同時變得更高了。

不過，無論廣告怎麼打，都不能保證該商品的銷售數字可以超過１５０個，但廣告的成本卻是確定的。因此，為了超越新的損益平衡點（１５０個），公司又必須重新考慮新的策略。

結論是要增加業務員，為了做企劃書，還添購了最新的雷射印表機。

結果，成本又增加了，總計２００萬圓。這麼一來，損益平衡點也提高到２００個商品銷售額了。

新進的業務員有可能會交出漂亮的業績（賣出２００個就好），但也有可能達不到目標。

這下為了要確實賣出２００個商品，又必須有新的策略……。

這就是「離損益平衡點越來越遠」的現象。

大家在商場上，對這種狀況應該不陌生吧。

追求「向上」要花費用，為了回收費用，必須「更向上」——這就是資本主義經濟的商業模式。

與其說這像是倉鼠滾輪，更像是吊一根胡蘿蔔在馬兒眼前，馬兒為了吃到胡蘿蔔，只能一股勁地往前追趕。

更要緊的是，我們「人生的損益平衡點」，與商品的損益平衡點一樣，也會有離得越來越遠的現象。

「人生的損益平衡點」也會離你越來越遠……

離損益平衡點越來越遠的問題，個人也一樣會遇到。

一個「普通職員／年薪300萬圓」，想辦法希望能夠升到「課長／年薪500萬圓」。他花了更長時間、更專注於工作。即便承受巨大壓力，他還是堅持目標，為了「課長」一職繼續打拼。

然而，他漸漸覺得：「我這麼辛苦，只升到『課長／年薪500萬圓』還不夠，應該要升到『部長／年薪600萬圓』才划算。」

所以，他又把目標放在「部長」上。

想當然耳，他必須比爭取「課長」付出更多的努力，才能升上「部長」。

這下「成本」又上升了。

結果，他又覺得：「既然都這麼辛苦了，我應該要爬得更高……」

這就是「離人生的損益平衡點越來越遠」的現象。

企業為了增加銷售，必須付出費用。同樣的，個人為了達成「加薪／升遷（銷售）」，也必須付出「成本」。

迎來的結果，就是跟損益平衡點（收支平衡）離得越來越遠。

人是習慣幸福的生物

個人為了追求「自我內在盈利」而增加銷售時，還會有一個問題。

這是關於「心情」的問題。

實現了年薪增加、在公司裡升上理想的職位、成就感上升，想必很開心吧。然而，這種開心感並不長久。

為什麼呢？

這在經濟學上已早有說法。

「經濟學之父」亞當．斯密曾這麼說：

> 所有人類對於一度即永久的境遇，無論是什麼樣的事，遲早都會毫無懷疑的接納適應。
>
> ——亞當．斯密，《道德情感論》

意思是，「無論什麼環境、狀況，人最後一定會習慣」，然後又「變成普通的狀態」。

換句話說，「你一開始會很高興，漸漸地就覺得這沒有什麼了」。

心理學也有同樣的說法。例如，許多人以為「中了彩券頭獎」就是人生最大的幸福，未來必定會多采多姿。

但是，實際訪問如此「幸運」的人，結果卻不一定如我們所想像的那樣。一開始他們確實會有非常強烈的幸福感，但是日子久了，心靈已經習慣了「幸福的狀態」，最初那種中大獎的心情就淡化了。這種狀態在心理學上稱為「享樂水車」（Hedonic Treadmill）現象。

「前些日子還感覺很幸福的事，現在已經覺得膩了、無聊了」，如此一來，成就感也沒有了。

大家對這樣的事應該都有經驗吧。

靠打工生活的學生時期，很多人可能都想過「要是月薪有20萬圓，日子就好過了」。出社會以後，實際看到薪水20萬圓匯入帳戶中，一開始是不是覺得自己很有錢呢？我也曾經是這麼想的其中一人。

但是，這個「好日子」過得久嗎？

恐怕不久。

你會開始考慮「如果年薪有500萬圓……」。幾年後當你的年薪真的達到500萬圓了，沒多久那樣的日子又變得理所當然，你又會開始想著「如果年薪有1000萬圓就好了……」。

當你實現了「曾經追求的東西」，滿足感很快就會消失。

我在第二章曾以「熱帶雨林的樹木」為例說：「不管樹長得多高，大家得到的陽光還是一樣。」人也是一樣，你以為爬得更高了，心裡卻會覺得「結果得到的東西也沒有改變」。

就算你追求的「高薪或升遷」都到手了，成就感和滿足感還是很快就會消失。

一心「向上」的結果，就是得到「幹不完的活」

即使加薪或升遷帶來了滿足感，這個滿足感也是沒多久就會消失。結果只好回到原來的狀態……不，其實早已回不去了。

這是什麼意思呢？

因為當成就感（銷售）沒了，那些被你花掉的費用可沒有消失。

比如說，年薪提升20％算是很厲害了，但年薪500萬圓的人要提升到年薪600萬圓，恐怕得花上一．五～兩倍的努力。

長時間勞動、硬著頭皮做討厭的工作、犧牲私人時間，好不容易有了回報，獲得20％的加薪。然而，這樣的「重勞動」卻必須繼續下去，否則就不能維持這個高薪。

這裡的重點是，即使你對加薪的滿足感已經「習慣」，但勞力付出還是會一直持續著——你習慣的是滿足感，但是每天帶來痛苦的辛勞和壓力，卻是怎麼樣也習慣不了的。

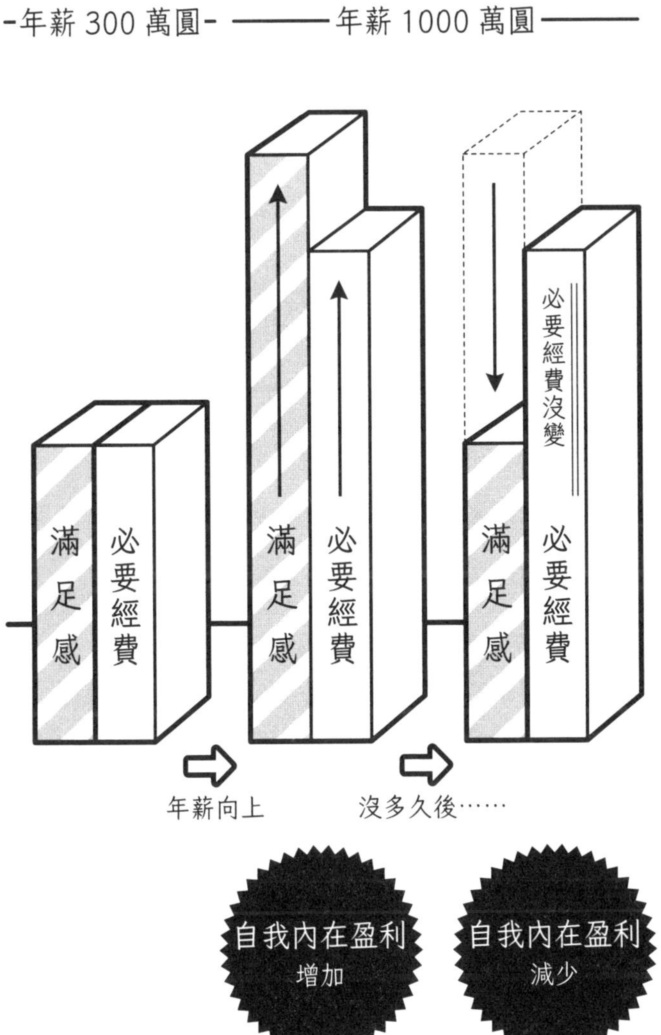

富爸爸

Point!

滿足感會回到原點，
只剩下繁重的勞務與壓力！

「如果能得到1000萬圓的年薪，你什麼都肯做嗎？」

想像一個年薪300萬圓的人，如果能賺到1000萬圓，他會有多麼幸福，想必什麼苦都願意吃吧。

但是，當他的年薪真的達到1000萬圓的時候，過一段時間，滿足感就沒了，在他心裡剩下的只有「繁重的勞務」。

人是「習慣幸福的生物」，當初獲得年薪1000萬圓的滿足感沒了，感受到的幸福與過去年薪300萬圓時也差不多，但是與年薪1000萬圓相應的繁重勞務／壓力，還是要每天繼續承受。

這麼一來，「自我內在盈利」就完全變成虧損狀態了。

> 年薪／升遷獲得的滿足感－必要經費（在肉體上／時間上花費的勞力與精神上的痛苦）＝**自我內在盈利**

再重新對照這個算式，滿足感回到原點，必要經費也回不去了，自我內在盈利就變成了赤字。

「損益平衡點」一旦上升就很難再下降

為了爭取加薪／升遷，每天全力以赴，終於達成目標。但是，滿足感很快就會消失，若要維持地位，繁重的勞務只能繼續做下去……

「不然，再回到『過去』就好了？」

你一定會這樣想。

然而，事情卻沒有那麼簡單。

我以「外商金融業務員」的例子來說明。

外商金融業務員的高薪眾所周知。他們的高收入足以打擊其他行業的勞動者，有些人年紀不到三十歲，薪水卻已經能媲美職棒選手了。

我自己也曾經被優於日本企業的高薪所吸引，趁著大學畢業時的就業活動，應徵了幾家外商證券公司和銀行（後來因為全部都沒錄取，才進了富士底片公司）。

在社會大眾眼裡，這些菁英總是衣著光鮮、一副精明幹練的樣子，是大家「羨慕的對象」。不過，他們的煩惱也是外人難以想像的。

首先，他們可能會遭受突如其來的「裁員」，這在日本企業是不可能發生的事。「星期一上司突然通知我不用去上班了，過幾天就收到寄回來的私人物品」、「某天，整個部門突然消失，所有人全都被炒魷魚」諸如此類的傳聞，在這個圈子裡司空見慣。

若不能保持業績水準，就會被解雇。

不僅如此，我覺得最重要的是，外商金融業務員的生活品質「由奢入儉難」的問題。

在外商金融機構服務的人，一般都會住在公司附近。以東京來說，就是住在「山手線範圍內」。他們通常是住在六本木或青山附近的豪華大樓裡，擁有專用的健身房與專職的物業管理人，周圍盡是超高級物件。當然，房租也是高不可攀，畢竟他們領著相應的薪水，負擔得起。

看似奢華的生活，著實令人羨慕，但這裡卻有一個新的問題。

在我出社會兩三年之後，一位在外商金融機構上班的朋友向我訴苦：「同期的同事一個個被裁員，我自己也很不安。」我說：「萬一被解雇，再找別的工作就好了吧？你馬上就找得到吧？」事實上，我這位朋友相當優秀，跳槽應該是很容易的事。

但他卻很悲觀地說：「我可過不了苦日子，比現在還少的薪水，我做不下去……。」

他才剛出社會不久，年薪就已經超過1000萬圓，住在六本木。他說平時上班非常忙，根本沒時間休閒，但其實走出家門沒幾步路，就是花花世界了。

過慣了這樣的生活，要再轉職到日本企業去領月薪20萬圓，還要搬到郊外去住……真的是無法想像。

一旦上升的損益平衡點要再拉回到原來的水準，是相當困難的事。結果，「自己再也沒有退路」的感覺，會變成巨大的壓力。

像他這樣，薪水再高，幸福感終究會習以為常。每個月領100萬圓，高興也頂多是最初的一年，之後就「習慣」了。

同時，如果當薪水回到一般水準，就會感覺「減少了」。

同樣的金額、同樣的物品，人們對「獲得、增加」的感受遠不如「失去、減少」來得強烈。這種現象在行為經濟學中稱為「前景理論」。

《行為經濟學入門》（行動経済学入門／多田洋介著）一書舉例，根據實驗結果，要消弭一個人失去1萬圓的失落感，必須多給他2萬圓。

假設丟失了錢財，之後即便得到同樣的金額，心情還是會停留在負面階段——即使錢包中的金額沒變，但「失去時的沮喪」遠比「獲得時的喜悅」大得多。

該放下一切嗎？或繼續水深火熱呢？

想獲得高度的滿足感，就要爭取更高的年薪、更高的職位。但是，在這個過程中，必須要花費、犧牲的事物就會增加——也就是「成本」會增加。

結果，「人生的損益平衡點」就會離你越來越遠。

不同於企業的銷售，個人的「年薪／升遷帶來的滿足感」，習慣後不久就會降低；薪水、職位再高，滿足感還是會急速下降。

話雖如此，人們的心裡會很排斥回到原來的年薪和地位。但為了維持盈利，只會越來越艱難。結果，仍然會感覺「無論怎麼努力、再怎麼賺錢，生活還是沒有更輕鬆，苦日子還是在繼續」。

這些人接下來可能會考慮：「想要毫無壓力的生活，只能搬到深山或離島了。」也就是所謂的「放下」——必須放下現在生活的一切，回歸自給自足的生活，才能「完全擺脫壓力」。

當然，這樣的生活也是一種人生，但為此就必須要完全捨棄過去的生活。

若之後想要再回到原來的生活，只會難上加難（至少當事人會這樣覺得）。沒有相當的覺悟，是無法做出這種抉擇的。

「搬到沖繩，悠閒地過日子」，即便有這樣的念頭，「家人的生活呢」、「那裡有工作可以做嗎」、「小孩的學校呢」、「真的能生存下去嗎」，不免會產生這樣的疑問。

最終的結論「還是作罷」，只能硬著頭皮繼續過著壓力爆表的上班人生。然而，真的沒有別的辦法了嗎？

「繼續水深火熱或放下一切」、「0或100」，你不應該做這種孤注一擲的決定，一定還有路可走。

「解放壓力的生活＝離開俗世」，這種想法的門檻太高，我們應該要思考的是，像現在一樣，在社會上好好地工作，想辦法提升「自我內在盈利」。

我要再說一次，企業增加盈利的方法不是「增加銷售」就是「減少費用」。同樣的，個人增加「自我內在盈利」的方法，也只有「增加滿足感（銷售）」或「降低必要經費（費用）」。

不過，先前我也說過，滿足感和必要經費是互相關聯的。要增加「滿足感」，就必須犧牲更多，必要經費也會上升。

為了降低必要經費，我們通常會想到「縮短工作時間」或「從事低難度的工作」。但是，這種工作又難以維持同樣的薪水和職位。

降低必要經費，滿足感也會跟著降低。

……這下完全陷入困境了。

難道沒有解決方法嗎？

其實是有的。

這也是我已經成功實踐的「工作方式」。

我將在接下來的第五章解說這個方法。

第五章

全面分析——該如何增加「自我內在盈利」？

增加「自我內在盈利」的兩大方法

如何才能增加「自我內在盈利」呢？

有兩種方法：

> ①不改變滿足感，降低必要經費
> ②不改變必要經費，提升滿足感

上一章說到，「為了增加銷售，費用也會增加；減少費用，銷售也會跟著減少」，但其實這是有方法可以「規避」的。本章正是要說明這個方法。

首先是①「不改變滿足感，降低必要經費」，這是什麼意思呢？正常的情況下，必要經費減少了，滿足感也會跟著下降。

這個方法有可能嗎？

我們先複習一下前面說過勞動者的境遇。

大前提是「為了獲得薪水，必須工作」。

所謂工作，就是付出某些勞力。為了明天也能繼續工作，耗費的勞力、精神等必須恢復才行。而恢復所需要的，就是「必要經費」。

各種必要經費累加起來，就是你的「勞動力的價值」，公司便是以此做為支付薪水的基準。我們的薪水，就只是這些必要經費而已。

不過，大家要注意，所謂以必要經費做為薪水的基準，指的是「普世行情」，並不是個人實際需要的必要經費，普世行情是一視同仁的。

以我在第一章舉過「公司一律支付的通勤交通費」的例子來說，假設公司規定月票津貼一律是每個月3萬圓，但若你實際只花了2萬圓，公司還是會支付3萬圓；其他必要經費也是一樣的處理方式。

重點來了。

若能把自己的必要經費縮減到低於普世行情，剩餘的部分，就是增加的「自我內在盈利」。

藉由低於「普世行情」來套利

「必要經費」是我們為了獲得現在的收入、維持現在的職位，所支出的必要費用。也就是「在肉體上、時間上花費的勞力」，以及「精神上的痛苦」。若能不改變銷售（年薪／升遷獲得的滿足感），降低這個費用（必要經費），其中的差額就會增添到「自我內在盈利」。

為了賺取薪水，或是為了維持職位所必要的「肉體疲勞」，根據工作內容，大概都是固定的。建築工程業的肉體勞動或是整天站立的工作，都需要大量的肉體勞力。

反之，坐辦公桌的文書工作，可能就不會有太多的身體疲勞。

但無論如何，工作上消耗的肉體能量，並不會有太大的個人差異。因此，要降低勞力至低於普世行情，並不容易。

唯一可行的就只有「翹班」了。

許多人以為，提高執行業務的效率，就可以節省「時間勞力」，這其實是「誤解」。

企業買下「讓大家工作一天的權力」，就算提高執行業務的效率，短時間就完成工作，也只會讓主管認為「這個人最近很輕鬆啊」，再派任其他工作來填補他空出來的時間。所以，減少時間勞力也很困難。

更重要的是「精神上的痛苦」。

這也有很大的個人差異，依自己的想法、態度，還有工作的選擇，使之降低到普世行情之下是有可能的。

我們再回想一下薪水（勞動力價值）的決定方法。

勞動力的價值是「為了明天還能繼續執行同樣工作所需的必要經費」，這包含了飲食、睡眠等為了恢復體力的經費，但同時也必須考慮紓解精神疲勞的經費。

精神上承受巨大壓力的工作，或是必須長時間專注的工作，為了隔天還能持續下去，就必須補充「精神能量」。

簡單說，就是需要「轉換心情」。

轉換心情的必要經費，也會加計到勞動力價值裡。

例如有「業務津貼」的公司，就是有這層考量。

業務員要承受客訴、拚業績，精神壓力很大，比起其他職位更需要「轉換心情」，這部分的「經費」就加到薪水中吧。

我還聽過某家出版社的編輯有「編輯津貼」。

編輯大多不分晝夜、沒有週休，隨時都在工作，也比管理部門承受更大的精神痛苦，這部分的經費，就以「津貼」的形式加計到薪水中。

這裡有一點值得思考。

如果我並沒有像社會大眾以為的那樣精神疲勞，怎麼辦？

經費是「平均值」，降低自己的精神痛苦，就能增加自我內在盈利。

社會一般認為「業務員」是「很辛苦」的工作，但就是有人最喜歡跑業務。他們喜歡陪客戶聊天，被拒絕也不會難過，反而覺得很開心。

這種人一天工作下來，精神也不會特別疲勞，所以也不需要轉換心情來恢復——但是，他還是可以領「業務津貼」。

因為，如同我一直強調的，薪水不管「個人情況」，而是以「普世行情」為基準。這與先前「一視同仁的月票津貼」是同樣的道理。

雖然這個人不一定每天都神清氣爽地上班，偶爾也會心情低落，但出現這種精神疲勞的情況還是比一般人少。

我們可以理解為「他只需要較少的經費就能恢復疲勞」。

所以，他的業務津貼就會有「剩餘」。就像通勤月票只要花2萬圓，公司卻一律都給3萬圓（會「剩」1萬圓）。

就算有剩，這筆錢也不用還給公司，可以全部收進自己的荷包。

這個部分，就是比別人多的「自我內在盈利」。

我想說的是，若選擇「壓力低於普世行情的工作」，就可以減少必要經費，增加自我內在盈利。

改變「工作方式」重點①

選擇壓力低於普世行情的工作。

篩選出能持續增加「自我內在盈利」的工作

商業上說「降低必要經費」，指的是把商品的成本縮減到低於社會上的一般行情。

重點是「只有自己（自家公司）」。

因為如果社會一般的行情也同樣下降，勞動力價值就會減少，勞動者的薪水也會跟著降低。

但是，「只有自己（下降）」不是那麼簡單。

現今社會，任何資訊都會立即在電視或網路上迅速流傳，就算原本只有自己懂的「奧義」，消息也會馬上傳遍，「比別人更有效率的方法」很快就不管用了。

研發了「好方法」或「特別的技術」，卻馬上傳開，沒多久，這些好方法又變成「普通的方法」了。

就像熱帶雨林中短暫「拔得頭籌」的大樹，不一會兒就被四周的樹木追過去了。所以，光是知道「縮減必要經費的好方法」並不能解決問題。

那麼，我們該怎麼辦呢？

我先說結論，關鍵在於「精神上的痛苦」。

得知了好方法，獨自學會在肉體上、時間上更有效率地完成工作，但沒多久，這個方法就已經廣為人知，變成「理所當然的常識」了。

這下又與社會大眾變得沒有「差距」。

但是，讓自己在精神上減少痛苦，也就是減低工作帶來的壓力，這就不是那麼容易普及的了——因為這是「心的問題」，而這個「優勢」可以更持久，「自我內在盈利」也得以永續增加。

世界上沒有不會感覺到肉體疲勞的工作。人只要活動，就會消耗能量，即使只是站著或坐著，體力也會減少。但是，卻有不會感覺到精神痛苦的工作。只要沒有壓力，就沒有必要恢復精神，也不用轉換心情。

如此一來，「必要經費」自然就省下來了。

例如，有一種人對有意義的工作，「薪水很低也想做」，甚至「願意無償奉獻」——當事人拿不到酬勞也願意做。但是，這個工作也有符合社會一般行情的「經費」，這部分他「一律」都拿得到。

結果，這個與眾不同的差距，就是可以獨享的自我內在盈利了。

這就是①「不改變滿足感，降低必要經費」的方法。

重點不是要你選擇「擅長的工作」

我要稍微補充一下。

「選擇不會讓自己感覺到壓力的工作」並不是指「選擇自己擅長的工作，

或是可以用高效率完成的工作」。

從事擅長又能有效率完成的工作，一定有好的業績。但是，這並不會增加自我內在盈利。

比如說，你的工作效率是別人的兩倍。

你可以用比別人快兩倍的速度製作同一件商品。

但只要你是在企業上班，就算以兩倍的速度完成工作，也不會節省一半的勞動時間。企業買下的是讓勞動者工作一整天的權利，工作提早完成，只會有新的工作再派下來而已。

這一點我先前已經說明過了。

企業想「採用優秀人才」，所以想要一直雇用「工作效率好的你」。結果就是，你不用擔心飯碗，可以一直工作下去。

如果你選擇了不擅長的工作，無法有效率地完成，也拿不出好成果。這代表你的「勞動力使用價值很低」。

當我們的目的是「獲得雇用」時，找到擅長的工作，發揮「勞動力使用價值」，向企業展現自己的能力是有必要的。

只不過，這並不會增加你的自我內在盈利，也無法讓你逃出倉鼠滾輪。換言之，選擇「自己很擅長」的工作，你就是「優秀的人才」，但這並不會為你帶來幸福。

釐清「享受工作」的本質

我還要補充一點。

「選擇不會讓自己感覺到壓力的工作」容易讓人聯想到「避開那些討厭的工作」或是「把『愛好』當成工作」，這樣想也有點過於天真。

我的意思是，就算是愛好，也不會有完全「不討厭」的工作。

這世上應該沒有把賺錢當成玩遊戲的人，人們總是會遇到困難、麻煩，偶爾會覺得「討厭」，這都是很正常的。

這才是工作。

「享受工作」、「做開心的工作」，相信大家都很贊同，我也希望這樣。但是，直到最近我越來越想不通「享受工作」這句話真正的意思。

我待過三家公司，富士底片、網路公司CyberAgent，以及求職廣告公司Recruit。過去我一心一意地為公司打拚，不過遇到同事連番抱怨時，我還是會勸他：「既然這麼討厭這份工作的話，要不要考慮轉行？」

但是，我始終想不通「享受工作」這句話。

因為，我認為工作就是工作，而不是在打遊戲。打遊戲或是約會時的感覺很「開心」，工作時絕對不會有同樣的感覺。

原本就不是什麼「開心事」的工作，硬要「享受工作」豈不是強人所難，毫無意義？

然而，我最近才注意到，那不是我想的那個意思。

說「享受工作」本來就是一種場面話，真正的意思是「要對工作感興趣」。

所謂「開心的工作」，意思是「做能夠感興趣的工作」；而「享受工作」，則是「對工作感興趣」。

這麼一想，全都說得通了。

那些看起來樂在工作的人，與其說他們工作時像在打遊戲，應該是說他們對工作有興趣才對。

「這位客戶有什麼需要解決的課題嗎？」

「別家的商品為什麼賣得那麼好？有什麼值得學習的地方？」

「要怎麼處理客訴？能不能順利解決？」

即使自己負責的商品變了，他們也能保持一樣的興趣繼續工作。

而另外一邊，總是在抱怨「工作很無聊」的人，他們對工作不感興趣，認為自己每天都在做同樣的事——

「客戶的問題，我怎麼知道。我照著訂單交貨就好了啊……」

「別人家的商品不關我的事。只要我負責的商品沒問題，賣得出去就好了……」

「我完全不想理會客訴！」

這種心態上的差別，就是「有趣的工作」與「無趣的工作」之間的差別。

無論什麼樣的工作，都一定會有困難、辛苦、厭煩的事。既然是領錢辦事，就不可能完全沒有負面因素。

若說「要找開心的工作」，一旦有一點討厭的事，工作就變得「不開心」，難免就會萌生「這種工作不做也罷」的念頭。

這當然是不對的。

世上一定有即使自己要貼錢也想做的工作吧。例如一日貼身採訪喜歡的偶像，這對許多人來說，一定是一件「開心的工作」。

不過，這種工作是可遇不可求的。

任何工作都不會是它本身開心或無趣，而只不過是賺錢的手段。但是，覺得開心或無趣，全憑你的心態和心情。

一旦誤解「開心的工作」，日子久了，就再也找不到那個令你「開心的工作」。就看你願不願意選擇「相對沒有壓力的工作」。

何謂「不改變必要經費，提升滿足感」？

接下來，我們要思考②「不改變必要經費，提升滿足感」的方法。

「提升滿足感」就例如前一章說明過的加薪／升遷。

要如何不改變必要經費（在肉體上／時間上花費的勞力與精神上的痛苦），爭取到加薪或升遷呢？

想要爭取加薪／升遷，就必須比別人加倍努力工作。至少為了比「既定規則」更快獲得加薪／升遷，就要比過去更賣力。大家是不是都這麼覺得呢？

比如說，想賺到兩倍薪水，就要比現在更賣力兩倍。

如果你只靠「勞動力的使用價值」來工作，的確是如此。

先前我曾經請大家想像「每天全力跳躍」的情境——想要賺兩倍薪水，就必須要跳兩倍高。

假設加倍努力也賺到加倍的薪水之後，隔年也至少要跳一樣高（耗費同等勞力）才能維持這份薪水。

這是每次都從零開始努力的工作方式。

如果懂得不必「從零開始」，而是「利用勞動力價值」的道理，就能夠理解「不改變勞力（必要經費），提升年薪（滿足感）」是什麼意思了。

我們薪水的金額，是以勞動力價值為基準而制定的。換句話說，勞動力價值上升，薪水也會跟著上升。

第一章我所說的勞動力價值，包含知識、經驗、技術等自己「累積的實力」，這些都是薪水的「地基」。

深奧的知識、涉略廣泛的經驗、高度的技術，必須耗費大量的勞力和時間才能累積這些價值。換成讓別人（新手）來做同一項工作，企業還要負擔培訓他們的費用。

這意味著「勞動力再生產成本」很高。

我們要學習知識和技術，來提高勞動力的再生產成本，如此一來，「勞動力價值」自然就會提升。

這就是「地基」。

有了這個基礎，薪水已經比別人高一截，我們不必每天從零開始，就能夠獲得高薪。

不用跳兩倍高，只需花相同的勞力，就能達成更高的目標。

有了地基，就能簡單地維持高薪。

沒有地基，我們就必須一直跳躍，才能碰觸到更高的地方；有了地基，只要把手伸長一點就能達成目標了。

哪一邊比較輕鬆，還有哪一邊較能維持「高度」，不用我再說明了吧。

藉由「編輯力」，善用你辛苦建立的「地基」

「銷售得再多，費用讓營收變成赤字就毫無意義」，一樣的道理，「年薪

要到達 2 倍的高度，就必須花 2 倍力氣跳躍

如果有地基……

只要花同樣的力氣，手就能摸到 2 倍的高度了

富爸爸 Point!

**想要獲得加倍的薪水，
你可以選擇跳 2 倍高，
或是藉由地基登上去**

再高，若無法填補自己承受的辛勞，也沒有意義」。

我們應該思考的，是如何確保「盈利」。

先前我也說過，年薪增加的幸福感很快就會消失，年薪再多，結果並不會改變。

今後的時代，我們都必須學會降低成本的工作方式，最重要是要盡可能控制精神上的成本。

方法就是利用自己堆疊起來的「地基」。「改變工作方式」並不是要你具備完全不同的能力、做不同的工作——不必考什麼證照，或是跳槽到新行業、與新人一起從零開始。而是在其他領域活用自己的經驗、長期累積的知識和技術。

那些你原本就會做的、擅長的事，不需要花費太多時間，精神上的壓力也會很小。

許多人總愛說「我什麼都沒有」或「除了現在的工作，我什麼都不會」，但真的是這樣嗎？

「只適用這份工作、這間公司、這個職場的能力」，世上沒有這樣的能力吧。無論是怎樣的能力，總有能派得上用場的時候。重點是，要懂得怎麼去活用自己長久以來建立、累積的資產。

我們要學會的並不是新的技術或知識，現有的能力已經夠用了。我們應該要學的是「編輯力」。

所謂的編輯力，不是指修改原稿、彙整文章的能力。而是將自己具備的能力，變成「對方想要的能力」。我們身上有許多「素材」，要如何因應狀況，轉換成對方想要的東西，這是今後的時代所要求的能力。

比如說，我這裡有馬鈴薯、胡蘿蔔、洋蔥，這些東西直接用炭火烤一烤，也是可以上菜的。

但是，接下來，我還要把這些素材再加工一下。利用這些素材，可以做出什麼料理呢？

如果家裡有小孩，你可以煮咖哩。

如有有長輩，你也可以做燉菜。

這就是「編輯力」！

跑業務的人，擁有的素材就是「業務能力」，他們可以將這個素材運用在業務以外的事物上；從事業務工作的人，可以在企業研習或諮詢的場合，傳授業務的技巧。

有經驗的業務員，最擅長說話技巧，他們熟知如何與初相識的人破冰；另外有一些人不擅長與他人談話（也有人在網路上可以聊得很高興，實際見面卻不知如何溝通）。而有業務專長的人，就可以利用企業研習，傳授「溝通技巧」，也可以為個人提供諮詢服務。

做會計的人，或許不僅熟知會計知識，他們觀察事物也可能鉅細靡遺，處置起來精準到位。應該有許多企業的老闆希望延攬這種具備精準工作能力的人才（因為老闆通常都是一旦瞄準目標便一箭中的的類型）。

我這裡列舉的無非就是「例子」，自己培養的能力，一定還能在「不同場域」發揮。思考「如何在不同場域發揮自己的能力」便是第一步。

如果你還想像不出來，不妨參考網路上的求才網站來獲得靈感（不是轉職網站，而是像CrowdWorks、Lancers、VisasQ等自由接案平台）。你可以在這些網站上瀏覽社會各界有需求的業務或能力。

有時我們自以為的「這種能力，誰也不需要」，其實都是誤解。

改變「工作方式」重點②

先「累積實力」建好地基，再從這個地基上起跳。

打造不必全力跳躍，就能達成目標的地基

「學習知識和技術，要耗費很大的勞力耶！」

「既然如此，每次跳躍就要求加薪，不也是一樣的意思嗎？」

大家可能會有這樣的疑問，但這其中有很大的不同。

不提升勞動力價值，只靠加班、衝業績，是「什麼也不會留下的努力」。加班的確可以拿到當天的加班費，薪水自然也可以增加，但如果隔天沒有繼續加班，就沒有加班費可領了。

這個月如果業績達標，就有業績獎金，薪水也會增加，但下個月卻又要從零開始算起。

簡單的說，你必須每次都向著高處全力跳躍才行。

反觀為「提升勞動力價值」所做的努力，是可以累積成「實力」的。

今天的努力，可以一直保持到明天、一年後、五年後。

不同於「朝著高處全力跳躍」，這邊是「日日打造讓自己伸手就能到達高處的地基」。

例如企業的獨立董事或顧問，就是憑著「過去累積的實力」執行工作。這些職位都是「兼職」，他們不用整天坐在辦公室，只要參加定期會議，或偶爾有活動時才需要出席。

但是，這些職位的薪水通常比新進人員，甚至比中堅職員的薪水還要高。

為什麼？

因為這筆錢是支付給「他過去所累積的實力（地基）」。這些累積的實力提升了「勞動力價值」，讓他們不必每天勤勤懇懇地上班，也能得到高薪。

反過來想，因為前面花了時間建立地基，所以現在才能勝任這樣的工作。

沒有人願意做無謂的努力。

「只適用於當下的努力」不如「花費數年但有意義的努力」。

然而，多數人每天認真打拼的，不是為了提升勞動力價值所做的努力，而是只為了今天的加班費，或者只為了這個月的業績獎金。

這是為什麼呢？

因為累積勞動力價值，必須花費時間，還有紮實的努力。要讓人「高看」自己的勞動力價值，需要長期的學習。

反觀今天的加班費、本月的業績獎金，只要今天或這個月好好努力就可以獲得——成果顯而易見，垂手可得。

當我們只追求近利，就會輕視可以累積「勞動力價值」的努力，所以永遠無法建立「地基」。

若能跟著大師學習、累積經驗，對將來一定大有幫助，這個道理許多人都都懂。但是，願意屈身學習的人卻少之又少。畢竟看不到「成果」的勞動，大家都想避而遠之。

把地基墊高之後，
只要稍微伸手，就能輕鬆到達目標

富爸爸
Point!

累積勞動力價值，
就不用每天從零開始努力，
也能獲得高薪！

別「消費」你的勞動力，而是要「投資」它

將「勞動力價值」累積起來，等地基堆疊好了，薪水的基準金額就可以獲得提升。

我必須再說明一下這個方法，「究竟具體要做哪些事，才算是累積勞動力價值呢？」

要累積勞動力價值，一定要先懂得「勞動力不是用來消費，而是要投資它」。今天的工作結束之後，如果沒有什麼收穫可以累積，那就是在「消費」勞動力。

例如在同一個地方站上一整天的工作，酬勞是1萬圓。只要站著，就能拿到1萬圓。

很輕鬆吧？站一整天，體力上確實會有些吃力，但你什麼都不用做，也不用思考，就能賺到錢，真是「很棒的工作」。

但是，考慮到你的將來，「站一整天」這件事，有什麼收穫是值得「累

積」的嗎？

答案是「NO」！

什麼都累積不了，對將來一點幫助也沒有，只是浪費時間的工作。若硬要說有什麼收穫，大概就是「有自信可以站一整天」吧。

這就是「消費勞動力」。

那麼，何謂「投資勞動力」呢？就是今天的工作有收穫可以累積起來「成為地基」。

再舉一個例子，幫老闆提公事包，一整天都陪著他拜訪重要客戶，還要做會議紀錄，日薪是2000圓。

整整工作一天才得到2000圓，換算成時薪，看起來或許很吃虧。

但是，能夠陪老闆與重要客戶開會，置身於高階商務場合，對自己的將來一定會有幫助。這一天獲得的經驗，可以累積成將來的實力。

這就是「投資勞動力」。

這與投資金錢是同樣的道理。

花1萬塊錢到高級餐廳用餐，當下你會非常滿足，還會覺得很「幸福」。但這份幸福能保留到一年之後嗎？恐怕不能，因為你的肚子還是每天都會餓。

假設是拿這1萬塊錢去投資企業的股票呢？在投資的當天你完全得不到滿足感。既沒有「吃到美食」的感覺，也感受不到高級餐廳的「美好氣氛」。

但如果將來這家企業持續成長，你投入的1萬塊錢，變成1萬5000、2萬……金額持續增加。

這就是投資。

既然是投資，就要做好「徒勞」的覺悟

可怕的是，你投資的錢也有可能白白浪費掉了。

原本看好的企業，一旦業績惡化、股價下跌，最初投入的1萬圓也會縮水成5000、3000……

這個時候，你可能會懊惱地想：「早知道當初就拿這1萬圓去高級餐廳吃一頓了！」

有些人就因為這種恐懼而不敢「投資」。不敢投資，就只好自己去工作，才能賺錢。既然不能讓金錢為我們工作，就只好我們自己去工作賺錢。

投資勞動力也是一樣的道理。

即使你是想著為將來而行動，累積的勞動力卻完全沒有派上用場，這天的勞動就白費了。你可能會後悔「早知道就選那個日薪比較高的工作」。

但若因為這樣而放棄「投資勞動力」，你的地基就永遠建不起來，永遠都只能全力跳躍。

更重要的是，「你能跳的高度」是有限的。

全力跳躍，手碰到高處也就是一瞬間的事，如果不改變站立的位置，每次都只碰到同一個地方，就不能指望「更上一層」。

改變「工作方式」重點③

不要「消費」你的勞動力，而是要「投資」它。

不要被眼前的利益迷惑了

當我們為了建立地基而投資自己的勞動力，一定要注意不能追逐「眼前的利益」。一旦被加班費、業績獎金等這些眼前看得見的「獎勵」牽著鼻子走，長遠的視野就會漸漸模糊。

投資自己勞動力的工作，就是可以用經驗來「打造將來地基」的工作；而所謂追求眼前利益的工作，就是酬勞很高，但「將來什麼也不會留下來」的工作。

對將來有幫助、酬勞又高的工作當然是最理想的，但這樣的工作少之又少，就算有，也會是大家都想爭取，你不一定能搶得到。

因此，「時薪雖低，但有助於建立將來地基的工作」與「時薪很高，對將來一點幫助都沒有的工作」，我們就必須對此做出選擇。

請回想看看自己當初選擇工作的標準是什麼？

你會怎麼選擇呢？

學生時代的打工，我是以時薪來選擇工作：

①出租錄影帶店的店員　（時薪1000圓）
②新創企業的業務助理　（時薪780圓）

這兩個工作，是我學生時代實際考慮過的求才案例。比起新創企業的工作，時薪1000圓更吸引我。

現在回想起來，新創企業的業務助理一職可以學到的東西比較多，即便它的時薪比較少。但當時的我完全沒有這樣的觀點和想法。

當然，如果時薪相同的話，大家都會選擇「可以建立地基的工作」。但只要先看到「眼前的利益」，哪怕只是多一點點錢，人們也會被吸引過去。

	利益	地基
A	4	5
B	6	1

假設這裡有Ａ與Ｂ兩種工作，被眼前利益吸引的人，就會選擇Ｂ；但若考慮到建立地基，Ａ工作的回報比較多，那麼就應該選擇Ａ。

薪水增加的確值得高興，但是，薪水帶來的滿足感很快就會消失。

追求眼前利益的結果，獲得加薪，就覺得可以「奢侈」一點了。「平常的飯菜」就變成「豪華大餐」了吧。但是，奢侈的喜悅也只有最初存在，不久之後，當你習慣了奢侈，「豪華大餐」也會變得像「平常的飯菜」一樣了。換句話說，又會回到加薪前的感覺。

更重要的是，因為追求眼前的利益，疏於建立地基，勞動力價值會一直停在原地，只好每次都全力跳躍，才能到達高處。

我想大聲地向大家呼籲：

「我們應該要選擇能成為你長期資產的工作！」

因為唯有這樣才能建立薪水的地基，最後得以實現不用追加每日的勞動量，也能獲得加薪。

這就是「不改變必要經費，提升滿足感」，提升自我內在盈利的第二個方法。

當然也有人認為，寧可不要把心思都放在建立「地基」上，先跳上去再說，這樣「當天」就能到達高處，而且看起來還比較像「很努力的樣子」。還有，短期間看不出成果的努力，建立地基反而會給人一種「效率差，不上進」的印象。

所以許多人不願意建立地基，選擇全力跳躍直到退休。但這樣便永遠無法降低「必要經費」，也不能增加自我內在盈利。

建立地基，絕對是必要的！

改變「工作方式」重點④

要選擇能成為你長期資產的工作。

透過「自我內在盈利」的指標來選擇工作

在選擇工作時，許多人會做業界／企業研究，分析的重點不外乎該業界／企業將來是否會成長。

也有人特別重視「薪水多寡」、「員工福利如何」這些條件，或是「公司的氣氛」等。然而，卻鮮少有人思考過自己在這個業界／企業工作時，「能確保獲得多少自我內在盈利」。

以企業會計結算來說，就像是只在意「銷售」，卻完全不顧最終「盈利」

的感覺。如此一來，變成「赤字」也是無可奈何的。

公司若只注意前期比的會計數據，會導致儘管銷售超越去年，但為此投入太多成本，反而變成赤字……，然後就這樣敷衍過去。

為了這份薪水，你需要花多少「必要經費」？

從結果來說，你的「自我內在盈利」會增加嗎？還是會虧損呢？

當我們在選擇工作的時候，一定要考慮這些問題。

天職不是找到的，而是日後發現的！

「現在的工作不是我的天職。我要尋找天職。」

你可能曾聽過有人這樣說過。

但在現實世界中，天職是找不到的——或許偶然會遇到令你感覺非常舒適的職場，但那並不是你的「天職」。

許多人都盼望能找到最適合自己的工作，成為「幸福的青鳥」。

但天職並沒有在「哪裡」，也不是你找得到的。

仔細想想，我們的確見過有人從事著天職。但你真的以為，那個人找到那份工作時，馬上就覺得「這是我的天職」嗎？沒那回事！

所謂的天職，指的是：

- **比別人壓力少**
- **比別人業績好**
- **受別人肯定的工作**

這些感受如果不實際做做看的話，你怎麼會知道呢？

我曾經有幸與LifeNet人壽保險的前會長出口治明先生進行一場對談。當時在休息室時，我聽出口會長講述他的歷史觀，至今仍記憶猶新。出口會長告訴我：

「歷史，是由各種偶然串聯起來的。」

成吉思汗向西擴張蒙古帝國，並不是一開始就畫好「完成地圖」，他之所以決定向西進攻，很可能是因為：

「偶然聽說西邊很弱……」

「偶然攻進西邊後，打開了破口，就趁勢一路向西……」

又或者是：

「東邊和南邊已經沒有可進攻的國家了，那就向西進攻吧……」

並不是為宿命而採取的行動，而是行動之後一路順利，便繼續行動下去，結果是讓蒙古成為一個大帝國。這就是歷史。

當然，也可能有計畫存在，但是，這與投資的道理一樣。「要試試看」、「賭一把」（也可能會輸），而這些判斷就串聯成這段歷史。

史蒂夫．賈伯斯曾提出「connecting the dots」（串聯點滴），在二〇〇五年六月十二日那場在史丹佛大學的著名演講中，他說到：

> 人生無法計算串聯點滴，我們能做的，只有日後在回顧人生時，才能發現過去留下的點，成為另一個點的「地基」。所以現在我們只能相信，現在的這一刻，將會在未來以某種形式串聯起來。

不管活到幾歲，我們都不可能預見未來。就算是賈伯斯也沒有辦法。「看不到未來」，每個人都一樣；「不知道該做什麼」，也是每個人都一樣。不同的是，你是否有意尋找那些能連接未來的事——雖然看不見，但你仍然相信、也願意投資自己的時間／勞力。

就像諾貝爾「偶然」發明了炸藥，也是投入時間和勞力的結果，像這樣偶然發生的事物一定很多。必須是確信並願意投資的人，才能收穫自己希望的成果。

第六章

選擇能活用個人資產的「工作方式」

「工作」的反義詞是什麼？

許多人會視工作為「討厭的事」。

這不只限於日本人。

在歐洲學者所主導成形的經濟學領域，就有同樣的設想。經濟學就以「人總是不想工作」為前提，分析「勞動」這件事。

所以，「工作是苦行」這種想法算是萬國共通。

至於對「工作以外的時間」有何看法，日本與外國（尤其是歐洲）就有很大的不同。

我先問大家一個問題：

問題

「工作」的反義詞是什麼？

你的回答是什麼呢？

根據某項調查，日本人大多認為工作的反義詞是「休息」；而歐洲人則認為工作的反義詞是「玩樂」。

為什麼會有這樣的差異呢？

這項調查也指出原因：「日本人多用『身體』在工作；歐洲人多用『頭腦』在工作。」

我大概看出其中的差別在哪裡，但這不就是在說日本人「不用頭腦」嗎？我不太能認同這一點。

我認為兩者的差異來自於「上進心的表現方法」不同。

日本人是每一次都朝著高處全力跳躍，而歐洲人會先專心打造地基，每天只踩著打好的地基去執行業務。

次次都盡全力跳躍，無論在肉體上、精神上都會相當疲勞。

為了賺加班費，每天長時間勞動，到了週末已經是精疲力盡，所以週末只能「休息」；為了每個月的業績獎金，犧牲週休跑業務，偶爾才能有點「休息」的時間。

若把自己的時間用來提升勞動力價值，就能打造地基。雖然短期間看不出成果，但只要長期經營，慢慢提升自己的價值，終究能夠來到伸手可及的高度。

不用全力跳躍，只要踩著地基便伸手可及，到了週末自然還有體力。所以週末要用來「玩樂」。

這就是歐洲人面對工作方式的態度吧。

扭轉「週末就是該休息」的意識

日本人和歐洲人都為了自己的「幸福」在工作。

沒有人是為了不幸而拼命工作的吧。

賺錢當然是為了生存，更甚者是想要用賺來的錢過「好日子」。多賺一點錢，盼望能更接近自己的幸福。無論日本人或歐洲人，這一點是不會變的。

「工作」的反義詞是？

歐洲人

玩樂

play

日本人

休息

rest

富爸爸

Point!

「工作方式」不同，
產生的心態也截然不同！

然而，這兩者的日常行為卻大異其趣。差別從假日是要「休息」還是要「玩樂」就可以看出來。

而且，假日要休息或玩樂也關係著當事人的幸福感。

日本人一年有一百一十天左右的休假。我們總感覺日本人像工蟻一樣，全年無休地工作，但其實他們一年有「三分之一」的時間是不用工作的。

只不過，這「三分之一」的休假是用來「為了下週的工作恢復體力的時間」，結果這些不用工作的時間也算是工作的一部分。

甚至你偶爾還會聽到「睡眠也算是工作」（有充足的睡眠，隔天工作才能更專心）這種說法，也是一樣的思維。「為了明天的工作做準備，所以今天要早點睡。在家休息，哪裡都不去」，這樣的生活，感覺一整年都在工作也無可奈何。

「不然，學歐洲人假日都出去玩好了！」

你可能會這麼想，但這無法從本質上解決問題。

在工作日把體力消耗殆盡的人，一想到「假日＝玩樂時間」，還能開開心心地出門嗎？我不這麼認為。

週六恐怕要因為一整個星期的疲勞，得睡到中午才行。週日又要為了隔週的「繁重勞務」做準備，因此傍晚就得趕緊回家，儲備體力。

想悠閒地出遊幾乎是不可能的事。

要擺脫「假日＝休息日」的意識，就必須從根本處改變平常工作的方式。

如果想要「更上一層樓」，就要放棄加班費或業績獎金，想辦法提升勞動力價值，抬高薪水的基準才對。

選擇在既有地基上賺錢的工作

因為很重要，我必須再強調一次。我們需要的不是每天勞動賺錢的工作方式，而是能提升勞動力價值的工作方式。

只要提升勞動力價值，不必增加每日的勞動和壓力，就能提高收入。

踏實地累積工作所必要的知識、技術和經驗，要具備別人可能必須花更長時間及費用才能獲得的「資產」。

用過去建立的地基，執行現在的工作。

提升勞動力價值，使之成為「資產」，我們必須要每天帶著這個意識工作。但光是這樣還不夠，你還要選擇「適合這種工作方式的工作」。

提升勞動力價值必須「累積實力」，但如果以前累積的能力，現在卻派不上用場，這樣的「累積」便毫無意義。因為不用過去的知識、技術和經驗也能執行的工作，不會被認定為勞動力價值。

換句話說，工作的執行方式或知識、技術變化迅速的行業，不會肯定你「過去累積的能力」。

例如，手機店的店員必須向顧客說明許多機種的特徵與「差異」。優秀的店員總是會在新機種上市時，熟讀說明書，為隨時應付顧客的疑問做好準備。

但是，今天背好的新機種資訊或賣點，過幾年就幾乎變成「無意義的資訊」，至少在門市都用不到了。

這意味著今天耗費的勞力，不能算是「累積實力」。

像這樣的工作，就算當事人想要「累積實力」，也難以實現。這就不是用於提升勞動力價值的工作方式。

想要提升勞動力價值，就要挑選「知識」、「技術」、「技巧」不會隨著時間演變，易於「累積實力」的工作。

當然，手機銷售的工作也是可以累積實力的。

從每天的工作當中，學習接待顧客的技巧，這就能提升勞動力價值。只是這種一般的接待技巧和方法，不在手機銷售的職場也能學到。

既然如此，我們應該要有意識地選擇能夠累積更多價值的工作。這樣的工作也能連帶增加自我內在盈利。

改變「工作方式」重點⑤

選擇能夠利用過去「累積實力」的工作（職業）。

「變化快速」與「變化牛步」的產業，如何選擇？

能不能「累積實力」不僅要看職業，各個行業也不一樣。

例如，網路或手機（智慧型手機）相關行業的技術和商品都不斷推陳出新。這些行業的年輕族群尤其活躍，他們不受既有常識拘束，能夠大膽嘗試新的想法和手法，使行業整體活潑起來。

另一方面，鋼鐵產業或建築業，就沒有那麼多新商品或新技術，商業手法也比較「傳統」。

我要問問各位：

問題

如果你想轉行——
「網路業」
「建築業」
應該要選擇哪一個產業？

社會上一般都覺得「網路業比較興盛、有活力」，所以許多人都會想到「繁榮又充滿活力的行業」工作！

不過，憑著這樣單純的理由就做出決定真的沒問題嗎？

網路業和手機業都是「變化非常快速的行業」。

建築業、還有農林水產業則是「變化緩慢的行業」。

從旁觀者的角度來看，「變化快速的行業」比較有新鮮感，似乎很帥氣，但若要實際投入工作，光是「嶄新」、「光鮮」、「帥氣」可不夠。

「變化快速」就意味著知識和技術的「賞味期限很短暫」。今天費力開發出來的技術或是學到的知識，很可能幾年之後就會變成「落伍的東西」而不再管用。

常有人用「狗年」來形容網路業的時間，因為據說狗的年齡增長速度是人類的七倍。

在網路業界確實能感受到「時光飛逝」。

臉書和推特能紅到什麼時候……

我舉一個具體的例子。

大家都知道「All About」這個資訊網站吧，它原本是從美國起家的網路服務公司，在日本也有成立公司經營網站。

這個網站有各種領域的資訊，它最大的特徵是，在各個領域都有「專家」以專業的觀點撰寫報導、介紹相關資訊。例如法律方面的資訊，有律師執筆；住宅相關的資訊，則有一級建築師或住宅顧問助陣，目的是為使用者篩選資訊、提供說明。因此，比起只單純刊登資訊的網頁，它的可信度更高，深受使用者喜愛。

All About公司為了應付日益增加的存取流量，斥資添置相應的設備，同時又擴增網站的資訊類別。

沒想到，竟然好景不常。

由於使用者信賴的資訊，從「特定網站的資訊」變成「在Google或Yahoo搜尋相關網頁的資訊」。

現在，又變成「臉書『好友』貼文中的資訊」最受使用者信賴。

使用者的取得資訊的方法一直在變化。

結果到了二〇〇〇年代前半，All About公司無論是儲存的知識或整合入口的技術，還有委託「專家」撰寫的人脈網絡等，都變得沒有意義。

不過才十年的時間，商業模式已經有了巨大的轉變。

像這樣，在網路業界，幾年前還是「勝利組」、「稱霸」的企業，一轉眼，原本的商業模式就變得不再管用了。市場被Yahoo、Google奪去，Google

又被蘋果和臉書超越。

接下來，可能就輪到臉書被取代，誰也無法預測。

像網路業界這樣技術進步迅速的行業，商業模式不斷在變化，今天絞盡腦汁研發、打造的基礎，付出的勞力卻難以與未來串聯，也難以累積成實力。

SE（系統工程師）就算精通最尖端的編程語言，十年後又是全新語言的天下，必須再重頭學起。到那個時候，周圍都是比自己小十幾歲、充滿幹勁、體力好、吸收力佳的年輕人，你可能還要跟他們競爭。

今後的時代，或許也必須跟國外低廉的勞動力競爭。

「資產的過時」要越慢越好

所謂知識和技術「容易過時」，指的是新知識和新技術不斷產生，另一方面，我們也必須時時刻刻與新加入的競爭者對抗。

「勞動力」很快就會變成普遍商品。

「技術進步，令人耳目一新」乍看之下是很風光，反觀「技術不怎麼進步」、又老又舊的夕陽產業，也會讓人感覺看不到未來。

當我們面臨就業（選擇企業）時，許多人都想選擇時下熱門的「風光行業」。但是，在這種行業，自己過去慢慢累積起來的實力很可能無用武之地，這一點我們應該要先了解。

相反的，變化較慢的行業，工作的執行不會有本質上的大改變，長年累積的實力反而沒有過時之虞。

一般來說，這些所謂的「老行業」，往往會讓人以為它們跟不上潮流、未來沒有發展性。建築業或農林水產業，還有幾十年前受人關注的鋼鐵、紡織、運輸業等，大多都屬於這個類型。

不過，正是這些「老行業」，你今天努力學習的知識、埋頭開發的技術才有展現的機會，可以長期發揮你的「資產」。

成長型產業看起來很風光，在這種行業裡工作就是帥，是大家嚮往與欽羨的對象。看著營收圖表「一路往右上端發展」，就感覺前途似錦。

整個行業的確會成長下去，搭上潮流，或許可以大獲成功。但是坦白說，那樣的人是鳳毛麟角，況且在這種行業要有所斬獲，必須每天全力跳躍。

不介意這種工作方式的人，可以馬上投入正值熱門的產業。理解「這樣的世界」，想要挑戰看看，肯定不是壞事。我自己也實際加入過心儀的網路代理公司，學到很多東西。

不過，對這樣的產業，我們不妨多一個「果敢排除」的選項。尤其是考慮增加「自我內在盈利」的人，能夠發揮過去所累積的實力才是最重要的，比起變化快速的熱門行業，不如選擇成長相對較少、本質變化緩慢的產業／職業更為合適。

改變「工作方式」重點⑥

勇敢選擇變化速度較慢的產業或職業。

勞動力的普及現象

埋頭苦學的技術／知識……

⇩

自己累積的資產很快就變得毫無意義

富爸爸

Point!

在市場變化或技術革新
顯著的成長型產業，
知識和技術尤其容易過時！

學習「賞味期限長」的知識／經驗

仔細想想，選擇不易被捲入時代變化的潮流、勞動力較難普遍化的行業或職業，慢慢累積「賞味期限長久的知識／經驗」，才是我們應該嚮往的工作方式。

賞味期限長久的知識／經驗，指的是哪些呢？

例如會計知識或業務能力、在同業中掌握成功關鍵的必要人脈等，都是「賞味期限長久的知識／經驗」。

會計的本質是全世界共通的，就算法規不同，基本概念也不會變。一旦學會了，就是永遠適用的知識。

向客戶推銷商品的業務能力，也是可以長期使用的資產。

銷售汽車的業務能力，銷售電腦時也適用吧，還有金融機構的保險或證券商品也是。只要人與人之間有「交易行為」，業務的本質就不會變，這就是能長期活用的資產。

在商場上，比起「做什麼」，「誰來做、與誰一起做」，也就是「人」的因素至關重要。無論技術再怎麼進步，商品再怎麼變，人與人之間的關係並不會改變，這也是能讓我們受惠一生的資產。

要累積知識／經驗作為自己的資產，除了賞味期限要長，還必須是「耗費大量時間學習的事物」。因為無論賞味期限多長久，若是任誰都能在短期間內學會的事物，就很難成為資產。

我一再強調「勞動力價值」成立的要素，「必須耗費努力和時間去學習」才能提升勞動力價值。一定要是「受到他人肯定、願意為此花錢的『珍貴』資產」，才有意義。

「英檢三級」、「簿記三級」不能成為資產的理由，相信大家都能理解，因為要取得它們太容易了。公司不可能因為你有「英檢三級」或「簿記三級」的證照，就幫你加薪。

所以，並不是「隨便什麼證照都可以」。

有「使用價值」的價值，才是高薪的對象

最後還有一點：不要忘了考慮「使用價值」。

高單價商品要獲得消費者的認同，必須兼具「價值」與「使用價值」。勞動力這個商品也是同樣的道理。

換句話說，即使有價值（累積實力），但沒有使用價值，就得不到高評價。使用價值是指一件商品有使用意義，而勞動力的使用價值，就是「雇用這個人能獲得盈利」。

「拼命努力考取了證照，但這張證照不能產生利益」可就沒意義了。企業對於「有使用價值的價值」是願意支付高價的。

「拼命努力、學會這個工作所需的知識和經驗，活用這些價值，一年可以獲利10億圓」，像這樣的人，當然可以獲得高薪。

換句話說，「不具使用價值的價值」就沒有意義。

「害怕被裁員，去考一張證照吧！」

很多人都會這麼想。

考證照這件事並沒有錯，但是「因為害怕裁員，才去考證照」這個想法就「不太好」。因為你根本沒有考慮過這張證照到底有沒有「使用價值」。

我們常說「證照不能當飯吃」，那是指對企業沒有使用價值的證照，得不到高評價。

如果價值和使用價值都很高，就一定能獲得高評價（高薪）。

改變「工作方式」重點⑦

慢慢累積賞味期限長久、
很難學會，同時又有高使用價值的知識／經驗。

我選擇「出版業」的理由

二〇〇九年，我離開了求職平台Recruit公司，現在的主要收入來自於寫書。

我出版了多本經濟學相關的書籍，例如馬克思、亞當・斯密的「經濟學理論」、「經濟學史」的解說本，以及經濟新聞的基本知識解說，另外還經營一家小型出版社「Matoma出版」。

我之所以選擇出版這個行業，還有推出上述這類主題的書籍，其實是有很大的理由。

那就是「因為這些都是我勞動力的累積」。

所以我果敢選擇了出版業。

出版這個行業的本質已經有數百年完全沒有改變。

近年來，雖然有電子書或有聲書等新的型態（媒體）問世，但基本上其本質還是「作者寫稿、出版供讀者購買」這樣的商業模式。即使最終型態有變，工作方式和基本商業模式今後也不會改變吧。

換句話說，今日的勞力或新的收穫，都可以長期活用。

比如說，你今天學了一個新的「快速寫作的方法」，而這個「資產」應該可以用到你放棄當作家為止吧。

又例如你學會了一個新漢字，也是一輩子都能受用。

還有，獲得厲害的人力資源，若能提高整體的工作效率，這個團隊應該也會一直維持下去。

我寫書也都是基於同樣的理由去選擇內容。我專門挑選內容不會退流行（資訊不會過時）的主題來寫。我出版過好幾本解說經濟學經典或經濟學理論的書，這些主題都是幾十年前，甚至是幾百年前就已提出的理論，這些資訊從來就不曾過時。雖然不是流行的主題，卻反而不會衰退。

坊間有很多例如「商業上如何應用臉書」這類主題的書。既然是熱門的主題，讀者需求也高，一出版很快就能登上暢銷榜。但是，臉書的功能一直快速地進化，這個平台幾年後會變成什麼樣子，誰也說不準。而這些書籍的資訊很可能馬上就會過時，再也賣不出去。

畢竟要花時間研究、再寫成原稿，勞力的回報卻是那麼短暫。雖說讀者有需求就有出版的意義，但若從「累積自己付出的勞力」這個角度來看，我認為這些都是「最好要迴避的主題」。

再者，這類熱門主題的書，同一時期市面上會出現很多競品。

你可能覺得「短期間暢銷也好」，但我的看法是，即使贏過所有類似的書籍，但這種書也只有極短期間的銷售機會。

許多書在競爭中敗退，還要再試一次時，無奈當初的熱潮已經結束，連再挑戰的機會都錯失了。

出版業或許是一個特殊的行業，但不只是出版業，「資產不會過時的商業模式」其實還有很多。從我先前提到的「老產業」、「已經退流行的行業」中就可以找到它們。這些行業的商業模式已經固定好，不會再有太多的新要素。

選擇從事這類型的行業，或許會受到大眾批評是「叛逆」、「背道而馳」，甚至是「跌落神壇」。但若從「自我內在盈利」的角度來看，這種行業反而比較容易增加盈利。

成長不求一日千里，而是要細水長流

不知道是不是因為社會上總是太過於強調「成長」，最近的年輕人似乎都非常害怕「沒有成長」。

若你有這樣的想法，反而會阻礙自己選擇提升自我內在盈利的工作方式。因為要增加自我內在盈利，就必須踏實地努力，做好長期奮鬥的心理準備。但由於從表面看來「好像看不到」任何成長，導致內心充滿焦慮或不滿。這對想要追求「立即成長」的人來說，真的是坐立難安。

不過，請一定要有耐心。那些一下子就能得到的東西，八成會有缺點。

我來介紹一個我經常用來思考的例子：

問題

假設你中了樂透彩，可以獲得1000萬圓的彩金。
現在你有兩種領取方式：

A：今天就領取全額1000萬圓

B：分成十年，每年領取100萬圓

如果是你，會選擇哪一種方式呢？

如何？

如果按照經濟學教科書來回答的話，A會比較划算，「應該選A」。

道理是這樣的：

如果今天一次領回1000萬圓，存入銀行帳戶，你就可以獲得利息收益。假設銀行的利率是一年1％，今年的1000萬圓，明年就會增加利息10

萬圓，變成1010萬圓。

再看B的領取方式，只有100萬圓可以存入銀行，明年只能獲得利息1萬圓。即使不考慮複利（不只本金，利息也可以再生出利息），還是A看起來比較划算。

但是，我反而會選B。

因為A是一時的收入，而B是「累積型」的收入，最終它的自我內在盈利會越來越高。

當然，利率也是考慮因素之一，如果是一年5%的高利率，我就會重新思考，但至少以目前零利率的狀態來說，我會毫不猶豫地選擇B。

我所關注的是「收入帶來的滿足感」。

拿到1000萬圓的那刻一定是很開心。你可能會欣喜若狂，幾天內會把任何煩惱都忘光。

但是，我曾經說過，這種喜悅不久後就會消失——就算有1000萬圓拿在手裡也會變得「稀鬆平常」，心想「有這麼多錢，稍微花一點沒關係吧」，如此一來，你很可能短短幾天就把這筆大錢花光了。

還有，花錢的時候，平常要考慮好幾天才會買的東西，現在連想都不用想就會買了，最後連對金錢的感謝都不復存在。

如果是每年領100萬圓的B方案，也能得到大錢在手的滿足感，還能心懷感恩，買得十分滿意。

每年可以領到100萬圓當作「地基」，因為這是什麼都不用做就能得到的「資產」。儘管從利率的角度來看，的確會比較吃虧，但是，我覺得選擇B方案，「收入帶來的滿足感」比較高。

我們都聽過買彩券中了大獎，最後卻落得破產下場的故事。甚至有人後悔「不如沒有中獎」。

如果彩券的獎金可以分成五十年「均攤分配」，情況就會不一樣了吧。

只用「損益表」思考，無法讓你看清全貌

相信大家都贊成要選擇可以為將來「累積實力」的工作，但也有許多人同時會覺得：如果沒有盈利，就「不划算」。結果往往明知道能累積實力的工作很重要，卻做出完全相反的選擇。

為什麼會覺得「不划算」呢？

因為你把自己當成商業人士，只用「ＰＬ」在思考事情。

這是什麼意思呢？

ＰＬ就是會計上的「損益表」。

雖然本書不是要討論會計，但我簡單說明一下：損益表上記錄了公司的費用（買進多少錢的商品）、銷售（商品賣了多少錢），以及最終的盈利（賺了多少錢）。

換句話說，看ＰＬ就能知道一家公司的營收狀況。

只不過，要特別注意一點，損益表上並沒有記載「資產」的欄位——它只

記載了當天（當期）產生了多少盈利，但卻完全沒有寫出公司有哪些「用來賺錢的資產」。

比如說，某企業賺了1000萬圓，你看到PL上寫著「＋1000萬」就知道這是盈利。但是，它是怎麼賺到的？花了多少勞力？這些通通都沒有寫在上面。

①擁有價值10億圓不動產的企業，租金收入（被動所得）賺了1000萬圓

②沒有任何資產的企業，全體員工衝業績賺了1000萬圓

這兩種情形在PL上完全看不出區別。

以PL的思維來說，這兩種情形是一樣的，但是大家都知道兩者的內容是天差地別。

PL（損益表）

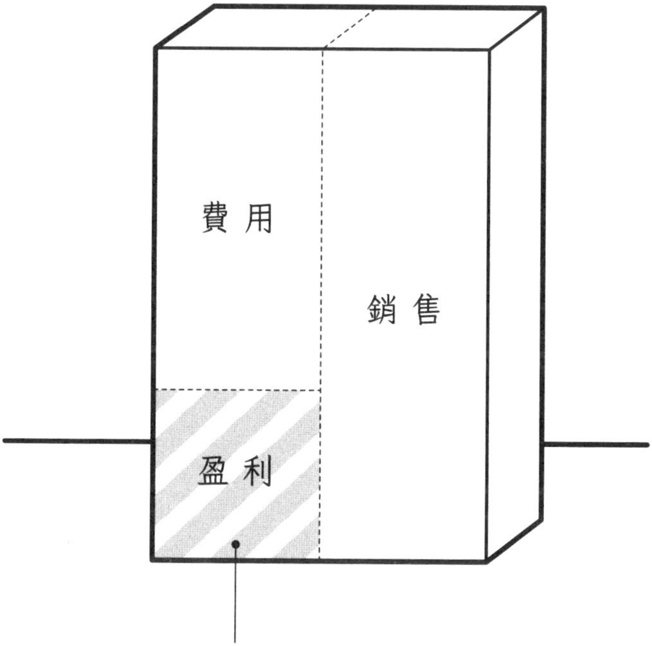

賺了多少錢一目瞭然

只用PL來思考的話，就會忽略「那是怎麼賺到的」，只能聚焦在「賺了多少」，所以無法據此做出正常的判斷。如果再遇到以下的狀況，就會讓你選擇④的工作方式。

③一整年不要命地努力工作，為未來十年累積每年都能產生100萬圓收入的資產
④一整年不要命地工作，賺進1000萬圓

這兩種情況都是不要命地工作，也都花上一整年的時間，結果同樣都產生了1000萬圓。

但是，④與全額領取的中獎彩金一樣，是一口氣拿到1000萬圓，顯示在PL上就是1000萬圓的盈利。

而另一邊的③，在沒有資產欄的PL上，卻只能記下100萬圓的盈利。

許多人會覺得，同樣是不要命地努力工作一整年，③領的錢比較少，「很

不划算」，所以會選擇本來不該選的④。

這就是只以ＰＬ思維去看待事物的弊病。

活用ＢＳ思維，計畫今後的工作與人生

大家都想利用資產來賺錢。

勞勞碌碌當然是比不上用資產來賺取被動收入。

說起利用資產賺錢，我們可能以為就像《富爸爸，窮爸爸》書中所寫的投資股票、經營不動產等，但其實方法不只這些。

勞動者（上班族）工作的時候，也應該要思考這個問題。此時，我們需要的是「ＢＳ思維」。

ＢＳ就是「資產負債表」（Balance Sheet）。相較於ＰＬ記錄的是「銷售」、「費用」及「盈利」，ＢＳ則是記載將來會產生盈利的「資產」（例如：每年能產生１００萬圓租金收入的不動產）、或將來會發生虧損的「負債」

（例如：利率５%的貸款）等事項。

重要的是，透過ＢＳ，我們可以馬上看出一家企業擁有的「資產」，也就是這家企業的「生財能力」。

有了能看出「賺了多少錢」的ＰＬ，再加上ＢＳ，就知道「賺來的錢（盈利）是從哪裡產生的」，我們才能做出正常的判斷。

先前只用ＰＬ思考時：

①擁有價值10億圓不動產的企業，租金收入（被動所得）賺了１０００萬圓
②沒有任何資產的企業，全體員工衝業績賺了１０００萬圓

我們無法看出這兩者的區別。

但是，當我們注意到「資產」時，就能看出明顯的差別了。

所以不能只看銷售、費用和盈利，還要連資產也一起考慮，這就是「ＢＳ

BS（資產負債表）

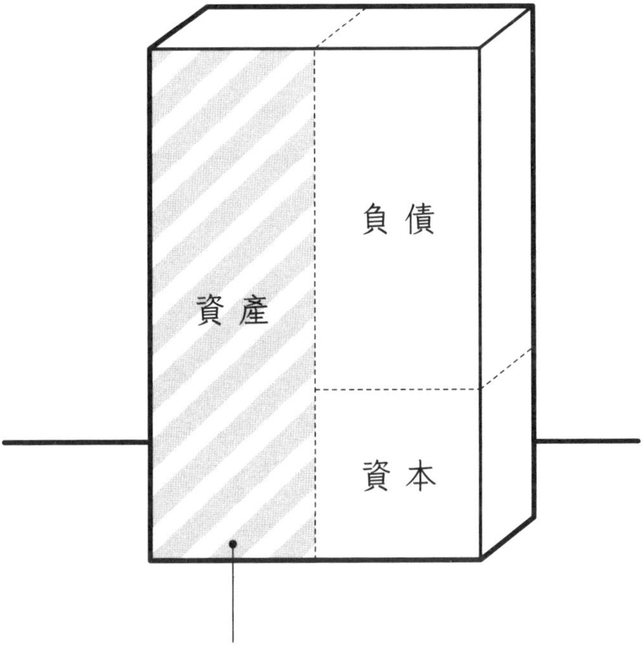

能在將來產生盈利的「資產」

富爸爸

Point!

**BS 有 PL 上
看不出來的「資產」！**

思維」。

雖說這是以企業會計事務為例，但個人（為自我內在盈利而工作的人）也同樣可以運用ＢＳ思維，去思考利用資產賺錢的工作方式。

③一整年不要命地努力工作，為未來十年累積每年都能產生１００萬圓收入的資產
④一整年不要命地工作，賺進１０００萬圓

回到這兩個選項，我們必須毫不猶豫地選擇③。

無論多麼不要命地工作，如果無法將之轉換成資產，一切就都只是徒勞而以，這一點請務必要認識清楚。

例如，加班１小時賺的錢，是用了當天的精力獲得的酬勞，而不是用資產賺到的錢。

平常每天拜訪三個客戶，這個月努力一點，增加到五個，達成業績目標。結果，業績獎金是領了，但那是你用了「瞬間精力」賺到的錢——並非是用你的資產賺到的。

簡單的說，必須自己努力工作賺的錢，就不是利用資產賺錢的工作方式。現在差不多是該跟這種工作方式說再見的時候了。

我說的並非是像不動產的租金，那種在家躺著就能賺到的收入，我們還是勞動者的身分，還是要實際勞動。

有人為了賺100塊，每次都要付出100分的勞力，也有人利用過去累積了80分的實力（地基），當天只需要再加20分的勞力就好了。

這就是「利用資產賺錢的人」。

例如我先前介紹過的獨立董事，或是各個行業的專家，就是以他們過去累積的知識／技術／經驗，再加上一點點勞力，就能賺到錢。

他們不是「沒有任何成果，只領乾薪」，而是利用過去累積的實力，在

「工作日」已無需多費勞力而已。

要利用資產賺錢，當然必須要先擁有資產。想要經營出租公寓來賺取租金收入，也必須要先擁有一棟公寓才行吧。

但是，再怎麼「想擁有公寓」也不會有人免費送上門，總要存夠錢，或是向銀行貸款，才有可能買下一棟公寓。

勞動者也是一樣的道理。

想要「利用資產賺錢」也不是馬上就能得到資產（那些垂手可得的東西，你自己認為是「資產」，別人可不會這麼認同），而是必須要踏踏實實地「一點一滴」慢慢堆疊起來。

改變「工作方式」重點⑧

不能只看PL，還要用BS（＝BS思維）來思考。

用 100 分的勞力
賺 100 塊

用 20 分的勞力
賺 100 塊

富爸爸
Point!
如果擁有先前累積起來的高地基，你只要花五分之一的勞力，就能獲得同樣的成果！

你今天做了多少能轉換為「資產」的工作？

只要用「ＢＳ思維」重新檢視自己的工作，就能讓你的看法產生變化。

一般來說，所謂的「工作」，就是「為公司提供盈利」——今天的工作，只要能為公司帶來盈利就好。

話雖如此，大家應該不會每天都想著自己的工作能不能幫公司生產盈利吧。《以為在工作》（仕事をしたつもり／海老原嗣生著）這本書犀利地指出，事實上，「自己以為是在工作」，卻沒有生產任何盈利的上班族非常多。

無論如何，面對公司，勞動者必須生產盈利，必須發揮自己的使用價值。

但是反過來想，一天的勞動，只要生產出盈利，在企業工作的勞動者就算是善盡職責了。

而我們身為勞動者，以ＢＳ思維來說，今日的勞動也必須成為自己實力的「累積」。

所以我們每天都要問自己：

「我今天做了多少能轉換為資產的工作？」

一有機會就要自省。就算每天都忙得焦頭爛額，只要答不出這個問題的時候，就應該要停下來好好想一想。

請試著重新凝視「自己」

我們接下來要做什麼才好？

很多人對現在的工作方式感到不滿，但這並不是「對方不好」。我自己在回想過去的職業生涯時也深刻體會到，當時之所以抱怨「工作無聊」、「職場人際關係不好」，幾乎都是因為自己的工作品質太糟糕。

自己的工作品質差、得不到好工作、對工作不盡心，所以任何工作都會因此變得枯燥乏味。這是我的經驗。

如果你覺得在現在的公司有志難伸，那就表示你的幹勁還沒有完全燃燒。你應該希望有機會能大展鴻圖一番。

跳槽、自立門戶也都可以考慮，但不需要這樣破釜沉舟，還有其他機會。重要的是，稍微改變自己現在的觀點。你可以試著到一個新的地方去學習，或是聽一場演講，學了一樣新東西，就會想再學下一樣。

你也可以多聽聽別人的回饋。

在職場或家庭，讓旁人說說對自己的印象、如何評價自己的能力等。你可以問他們：「你覺得我最擅長做什麼，又最不愛做什麼？」別人口中意外的答案，就是你重新審視自己的機會。

旁人一針見血的指摘，有時候正是最好的提醒。不同於學生時代，出社會後，很少有機會能聽到別人給自己的建議，不知不覺就變得無法客觀地看待自己了。

最要緊的是，要從為他人貢獻的角度來看待自己擅長的事。我們不一定要克服那些自己不擅長的事，如果一直關注「自己的缺點」，就什麼也不想做了。我們只要關注自己擅長的事，遇到指出自己「擅長領域」的人，就用你擅長的事對他做出貢獻吧。

改變觀點，就是改變工作方式的種子。

建立能維持十年的「理想工作模式」

我們要打造出別人必須大費周章才能得到的資產。然後利用這個資產，分擔80%的工作——只要再付出20%的勞力，就能完成任務。

這就是理想的工作方式。

對於我說的「資產」，你可能以為只有特殊職業才能符合，但其實不然。

任何工作都可以「累積實力」。

廚師要每日練習精進，才能獨當一面；業務員必須從經驗中學習與客戶維繫關係的方法；就連做文書工作的人，也有工作的步驟、派任他人等方法，各種狀況都可以累積經驗值。

當然，要清楚知道自己擁有這些資產並不容易。並不是能力不足，而是必須有耐心地慢慢累積，但人往往堅持不了。

人總是先看眼前的利益，或期待能在短時間內得到成果。

但是，只顧著追求這些事，就得忙得團團轉，無法累積「資產」。想爬得更高，必須每次都盡全力向上跳躍。縱使跳上去就能碰到高處，最終也會精疲力盡，結果得不償失。

必須先充實「自我內在盈利」，再慢慢增加，不要短視近利，要做長遠的打算。

只不過，那些馬上就能得到成果的事，一定比較受歡迎，為了克服這種「軟弱的意志」，我要跟大家分享一句話：

「人們總是誇大一年之功，卻小看十年之勞！」

這句話出自美國的名教練安東尼・羅賓斯（Anthony Robbins）。大約十年前，當我還在猶豫要不要出社會工作的時候，我看到這句話，之後便一直記在心裡，時時提醒自己。

每到正月，我們都會說「一年之計在元旦」，許多人都會在這個時候定下「一年的目標」。例如，「今年，我每個月要讀十本書、學好英文、考簿記執照、每個月存3萬圓、努力減肥，還要過晨型生活……」

然而，大部分的人都沒辦法在一年之內達成這些目標。

並不是他們能力不足，而是「一年的時間」根本不可能達成這麼多事。

定計畫的時候，都覺得自己「辦得到」。

這就是「誇大」一年之功。

等到一年大約過了一半之後，才發現自己還沒有達成任何目標，然後就洩氣地說：「果然不行……」再也提不起勁，甚至還安慰自己「反正做不到」，就乾脆什麼都不做了。

是不是很多大人都會這樣子呢？

很多我們覺得「一年可以做到」的事，其實都做不到。

不是自認沒出息，也不是負面思考。

只是「太貪心」而已。

人們通常也太小看「十年能成就之事」。

大家其實心裡都明白「十年」的威力。「堅持就是力量」，堅持十年，一定能成就大事，每個人都懂這個道理。

但是，實際能堅持十年的人卻只有極小部分。

作家中谷彰宏曾說：「想做的，有1000人；開始做的，有100人；繼續做的，1人。」能夠堅持到底的人真的很少。

為什麼多數人都堅持不了呢？「因為只有大腦理解堅持的重要性」，如果真的理解、重視十年的力量，無論發生什麼事，都應該能堅持下去才對。

1 年成不了什麼大事
好難啊……

⇩

能堅持 10 年就厲害了
我練出神奇的力量了！

富爸爸

Point!

要改變「工作方式」
必須花上十年的時間，
要踏踏實實地努力！

人們心裡還是有一個角落在想著：今天可以偷懶一下、反正又不知道能不能成功……，結果就乾脆放棄了。

這就是「小看十年之勞」。

不要「小看十年之勞」，請務必踏實地累積自己的勞動力價值，這樣才能建立巨大的資產。然後你就可以利用這個資產去工作。

如此一來，便能增加自我內在盈利，過上好日子——我一直這麼認為，也實際從這個想法出發，十年來堅持努力著。

結果才有了現在的生活。

我現在之所以能夠實踐相當接近理想的工作方式，也是這十年來幾經煩惱、思考，一步步打造了地基。

心裡有著明確的目標，每天鼓勵自己加油。

我能做到這些，並不是因為作家或經營者的身分。任何人只要有心、願意每天付諸行動，都可以做得到。

與其一生都在「跳躍」，不如就從今天開始，定下目標，努力打造有資產地基的工作方式。

我希望這本書能夠為大家指引方向。

後記

改變工作模式，就能改變你的人生！

這個時代，「黑心企業」這個字眼已經變得很普通了。

那些待遇不怎麼樣、工作量超乎常理、制度不全、勞動者權益不彰的企業，通稱為黑心企業。

每當這種企業發生過勞死的問題，馬上會變成眾矢之的，社會齊聲指責：「根本是黑心企業、經營者真沒良心！」

但是，在資本主義經濟下工作，原本就意味著要被壓榨殆盡（合法範圍內）。壓榨程度或有不同，但生存在資本主義經濟下的企業，本來就都是「黑心」的。

工業革命以後，資本主義興起，大約是距今兩百年前的事了。自當時起，企業就盡其所能地壓榨勞動者、生產盈利。

兩百年來都沒有變。資本主義就是這樣的結構。

我無意指謫：「企業不好！經營者都是壞人！」

我想傳達的是：「對勞動者工作方式有責任的人，就是勞動者自己！」

現代的日本社會，人們在資本主義世界裡要如何行動、表現，全憑各自的主張。至少在法律上，我們有高度自由，一切都能自行判斷、行動。

然而，許多人對自己的工作方式卻沒有想太多。缺乏考慮的結果，就是沉浸在資本主義的世界裡，完全照著資本主義的規則被「壓榨」。

這麼一想，企業之所以「黑心」，也是「你自己」造成的。不是因為企業黑心，或許是因為我們把自己逼成「黑心的工作方式」。

想要脫身，只能每個人各自想辦法。

怎樣才能不再被壓榨呢？

該如何工作，才能在資本主義社會裡過上幸福的好日子呢？

再不想辦法並付諸行動，我們就會一直在資本主義的世界裡，跟隨著資本主義的規則，半自動地繼續著黑心的工作方式。

要擺脫壓榨，應該要先懂得這個遊戲的基本道理，本書已經為大家揭示了。接下來，就是大家要在各自的職場中思考專屬於自己工作方式。

本書所寫的並不是「答案」，而是「能帶你找到答案的線索」。

請大家從今天開始改變工作方式。

不要再感嘆「這樣的工作方式，要持續到什麼時候」，我希望大家都能找到屬於自己的工作方式，挑戰屬於自己的人生。

我還要再補充一點。雖說要「改變工作方式」，但本書絕沒有鼓吹「自立門戶」或「跳槽」的意思。

雖然也有人的夢想是「獨立創業，不受任何人拘束」。但是，現實中有條件選擇「獨立」的人畢竟還是少數。

將「獨立」做為人生目標當然沒問題，不過並不是「一定要獨立，才能改變工作方式」。

就算是上班族，也完全可以改變。

還有，也不要只看到別家公司好，就馬上想跳槽。因為別家公司也是在資本主義環境下的企業。如果不從根本處改變自己的工作方式，換個地方也不能解決本質上的問題。

審視企業前，必須先檢討自己的工作方式。

- **思考「自我內在盈利」**
- **累積自己的「勞動力價值（打造資產地基）」**
- **選擇精神壓力小的工作**

這才是我想傳達的重點。

我已經為大家說明了資本主義的本質結構和規則，接下來，請一定要親身去探索「對自己最好的選擇」。

這不是一件簡單的事，不過，一年找不到，就用十年的時間，相信你一定能找到對自己最好的選擇。

就從今天開始，朝著目標，好好累積你的每一天！

人生的損益平衡點

人生格差はこれで決まる　働き方の損益分岐点

作　　者　木暮太一
譯　　者　蔡昭儀
主　　編　郭峰吾

總 編 輯　李映慧
執 行 長　陳旭華（steve@bookrep.com.tw）

社　　長　郭重興
發 行 人　曾大福
出　　版　大牌出版／遠足文化事業股份有限公司
發　　行　遠足文化事業股份有限公司
地　　址　23141新北市新店區民權路108-2號9樓
電　　話　+886-2-2218 1417
傳　　真　+886-2-8667 1851

封面設計　萬勝安
排　　版　藍天圖物宣字社
印　　製　成陽印刷股份有限公司
法律顧問　華洋法律事務所 蘇文生律師

定　　價　420元
初　　版　2023年4月

電子書E-ISBN
978-626-7305-06-5（EPUB）
978-626-7305-05-8（PDF）

國家圖書館出版品預行編目（CIP）資料

人生的損益平衡點：請問馬克思，為什麼隔壁同事的薪水比我高？學校沒教，但你一定要懂的「富爸爸」階級重置潛規則 / 木暮太一 著 ; 蔡昭儀 譯 . -- 初版 . -- 新北市 : 大牌出版 , 遠足文化事業股份有限公司 , 2023.4
320 面 ; 14.8×21 公分
譯自：人生格差はこれで決まる 働き方の損益分岐点
ISBN 978-626-7305-07-2（平裝）

494.35　　112002521